水稻产量对变化水环境的响应机制与机理研究

高 芸 著

黄河水利出版社
·郑 州·

内 容 提 要

本书为揭示在变化水环境下,特别是干旱、洪涝灾害在相对较短时间内快速转换(比如旱涝急转)的现象,分析水稻产量的响应特征与机理,以试验研究为基础,重点探讨相较于单一干旱、单一淹涝水环境条件,旱涝急转胁迫下前期干旱、后期淹涝对水稻产量、干物质量的交互影响规律,构建变化水环境下水稻光合生产与干物质积累模型,并基于试验观测资料对模型进行验证。

本书可供农田水利工程专业科研人员、博士研究生、硕士研究生及本科高年级学生参考使用。

图书在版编目(CIP)数据

水稻产量对变化水环境的响应机制与机理研究/高芸著. —郑州:黄河水利出版社,2021.12
ISBN 978-7-5509-3143-5

Ⅰ.①水… Ⅱ.①高… Ⅲ.①水环境-变化-影响-水稻-粮食产量-研究 Ⅳ.①S511

中国版本图书馆 CIP 数据核字(2021)第 209230 号

出 版 社:黄河水利出版社　　　　　　　　　　网址:www.yrcp.com
　　　地址:河南省郑州市顺河路黄委会综合楼 14 层　邮政编码:450003
发行单位:黄河水利出版社
　　　发行部电话:0371-66026940、66020550、66028024、66022620(传真)
　　　E-mail:hhslcbs@ 126. com
承印单位:广东虎彩云印刷有限公司
开本:787 mm×1 092 mm　1/16
印张:8. 25
字数:144 千字　　　　　　　　　　　印数:1—1 000
版次:2021 年 12 月第 1 版　　　　　　印次:2021 年 12 月第 1 次印刷
定价:75. 00 元

前　言

　　全球气候变化异常导致水旱灾害频发,中国的水安全和粮食安全遭受严重威胁,特别是抗旱排涝标准相对较低的水稻种植区会受到严重影响。水稻是我国主要的粮食作物,约占全国粮食总产量的 31.6%,稻田面积占全国粮食作物面积的 25.8%。水稻的生长与土壤水环境的变化关系密切,水分供应不足(旱)或过多(涝)均会造成减产,研究水稻产量对变化水环境的响应特征与机理,对于制订合理的减灾措施具有重要意义。

　　国内外学者对单一旱涝胁迫下产量及产量构成、干物质积累与分配的变化特征与生理学机制进行了大量研究,而关于旱涝联合的变化水环境研究并不多见。现有旱涝急转的研究由于采用的是单因素试验,旱涝水平设置过少,导致部分试验结果存在差异,且得到结论仅有试验组与正常组对比,对实际的抗洪减灾指导作用不强,未探究前期干旱、后期淹涝对产量和干物质造成的影响,因此也不能解释旱涝急转的致灾机理与作物减产原因。开展此类研究需要明确以下几个问题:

　　(1)变化水环境下,特别是旱涝急转前期干旱与后期淹涝胁迫对作物产量形成过程是否存在补偿或削减作用? 不同旱涝组合形式下的减产规律是什么? 若前期已发生旱胁迫,应如何避免后期淹涝对水稻的二次损伤?

　　(2)变化水环境下干物质积累的变化特征,以及旱涝急转前期干旱和后期淹涝对干物质在不同器官间分配比例的影响如何?

　　(3)如何建立变化水环境下干物质积累与产量预测模型?

　　本书以试验研究为基础,以明确变化水环境下水稻的减产规律为目标,据此提出防灾减灾措施;分析不同程度与持续时间的旱涝组合形式对水稻干物质积累与分配的影响;构建变化水环境下水稻光合生产与干物质积累模型。研究内容主要有以下几个方面:

　　(1)开展多种组合的旱涝急转试验,通过与正常组对比,分析旱涝急转下水稻的减产规律;设置与旱涝急转组同期的单旱、单涝平行对比试验组,分析前期干旱、后期淹涝对水稻产量及产量构成的影响,明确旱涝之间的补偿或削减作用。

　　(2)开展不同旱涝时期的破坏试验,测量在旱期开始、旱期结束、涝期结束、复水 10 d、复水 20 d 及收获期根、茎、叶、穗各部分干物质量,探讨旱涝急转不同旱涝组合条件下,水稻干物质积累与分配的变化特征。

(3)将旱涝急转过程分解为旱期、涝期、复水期、收获期 4 个时期,计算旱、涝水分胁迫因子及后效应影响因子,构建旱涝急转下水稻光合生产及干物质积累模型。

本书共分为 5 章,第 1 章介绍研究背景及意义,变化环境对作物的影响机制;第 2 章介绍研究区概况与试验设计,观测指标与测定方法,数据处理方法;第 3 章分析变化水环境对水稻产量及产量构成的影响;第 4 章探讨变化水环境下水稻干物质积累与分配的变化特征;第 5 章建立变化水环境下水稻光合生产与干物质积累模型。

本书开展的试验研究按照不同旱涝程度、持续时间、旱涝阶段对水稻产量、干物质的积累过程,以及旱涝的补偿削减作用进行了详细的分析与模拟,本书可供农田水利工程专业科研人员、博士研究生、硕士研究生及本科高年级学生参考使用。

在本书的撰写过程中,得到了武汉大学胡铁松教授、中国农业科学院农田灌溉研究所齐学斌研究员、李平研究员的帮助,在此表示衷心的感谢!

由于作者水平有限,书中对变化水环境下作物为了适应外界环境变化的探讨十分有限,比如叶片内源激素、气孔导度等变化。如有不妥或错误之处,恳请广大读者批评指正。

作　者
2021 年 8 月

目　录

第 1 章 绪 论

光合作用是作物生长的根本驱动力,是干物质积累及产量形成的基础,目前采用较多的光合计算方法包括光响应模型、CO_2 响应模型、快速光曲线模型,上述模型经过适当地变换均可转化为米氏方程(Michaelis-Menten 模型),其计算原理类似于将光或者 CO_2 视为底物进行酶促反应。由于存在奢侈蒸腾,水分利用效率最大值与产量最大值不可能同时达到,前者先于后者,研究证实气孔参与了水分消耗与碳同化之间的协调。受土壤水分条件变动的影响,气孔对边际水分利用率 λ 具有调节作用,已有研究表明,光合速率受这种调节作用的影响,因此基于最优气孔行为理论建立变化水环境下作物生长模拟模型更符合作物实际的生长过程。

准确地模拟光合作用对于作物模型的建立十分重要。作物生长模型基于气候、土壤等环境因素,可以动态定量描述作物的生长、发育、生物量的积累和产量的形成变化过程,在农业生产领域已广泛应用,目前的研究多集中在时空变异条件下模型的适用性探讨,大多为充分潜在供水条件,在变化水环境下对其计算原理存在问题的探讨并不多。

本章对变化水环境下光合同化模型、作物模型存在的问题进行探讨,分析了在变化水环境下,气孔行为最优的光合同化模型中两个重要参数(气孔导度斜率 g_1,边际水分利用效率 λ)的计算过程中尚待改进之处。

1.1 研究背景及意义

受全球气候变化、下垫面改变和剧烈人类活动等因素影响,我国干旱与洪涝灾害在相对较短时间发生转换(水旱交替)的现象呈明显上升趋势,急剧变化的土壤水环境条件易对抗旱排涝标准相对较低的水稻种植区造成严重影响。长江中下游地区位于东亚季风区,夏季冷暖空气在此频繁交绥,易旱易涝,"旱涝并存、旱涝急转"事件时有发生,据不完全统计,近百年来水旱交替发生频率长江流域达到 3~4 年一遇,淮河流域为 4 年一遇,巢湖流域为 4.35 年一遇(施汶妤,2011;王胜等,2009;湖北省水利委员会,2000),呈明显上升趋势。旱涝急转是水旱交替现象中一类快速由干旱向洪涝转换的灾害形式

(Li et al.,2015;Yan et al.,2013),属于旱涝并存现象的一种极端表现。目前,对于旱涝急转的定义主要基于气象要素(程智等,2012;王胜等,2009;张屏等,2008;吴志伟等,2006),陈灿等(2018)从农业生产角度出发,结合气象、土壤水分和作物需水三大因素,给出了水稻灌区旱涝急转事件的定义,认为同时满足以下三个条件,水稻会在其生育期内发生一次旱转涝过程:①水稻的减产率超过10%,或者水稻在需水关键期发生了一次土壤含水率连续5 d为轻旱以上等级的干旱过程(非需水关键期内7 d为轻旱以上);②水稻生育期内出现了10年一遇3日暴雨过程并导致灌区内涝积水深度在5 d内未降至水稻在该生育期的耐淹深度;③干旱、内涝积水过程之间的间隔天数低于给定天数阈值。2011年是典型的旱涝急转年,该年1~5月,长江中下游地区的降水量偏少,气温显著偏高,发生了严重的冬春持续气象干旱。6月以来,这种持续少雨的态势迅速转变,先后经历5轮强降水过程袭击,降水区域及持续时间都比较集中,由大旱迅速转变为大涝。前4轮强降水过程降水量达到近60年来历史同期最多(李迅等,2014;袁东敏等,2012)。这种有限时间内的降水极端不平衡更容易引起严重的灾害性天气,严重威胁着中国的粮食安全。

　　水稻是我国单产最高、总产最多的粮食作物。根据《国家统计局关于2020年粮食产量数据的公告》,我国水稻播种面积约占作物总播种面积的25.8%,水稻单产高于粮食作物平均单产约为35.7%,稻谷产量达粮食总产量的31.6%以上(《国家统计局》,2021)。全国有65%以上的人口以稻米为主食,85%以上的稻米作为口粮消费。水稻生长与土壤水分含量关系密切。土壤水分供应不足(旱),会引起细胞原生质脱水,叶片水势下降,植株生长受到抑制;土壤中水分含量过多(涝),会使根系吸水困难,造成作物“生理干旱”,如同作物对缺水的反应,也会造成减产。水稻拔节期营养生长与生殖生长并进,该时期各营养器官(根、茎、叶)继续生长,同时幼穗分化和形成也在同期进行。这一时期是水稻穗大、粒多的关键决定期,是干物质积累最多的时期,需肥水量多,对外界环境最敏感。通过分析历史统计资料发现,旱涝急转多发生于7月中下旬至8月中下旬,与水稻拔节孕穗期重合,水稻生长发育和产量极易受到旱涝急转胁迫的影响。一旦稻米供给不足,人们的正常生活就会受到影响,稻米供求的微小变化会引起粮食价格乃至整个物价波动。水稻丰歉直接关系到粮食总量丰歉,水稻充足供应直接关系到国家粮食安全。

　　干旱、洪涝及旱涝急转灾害严重威胁水稻生产,已有研究较多关注干旱和淹涝单一胁迫因素,较少有关于旱涝急转变化水环境对水稻生长和产量形成方面的研究报道。因此,探索旱涝急转下水稻减产规律,对于制订合理减灾措

施具有重要的现实意义。基于此,研究组于 2016~2018 年设置了 28 组不同
旱涝组合形式,分析了不同程度、不同持续时间的单一干旱、单一洪涝、旱涝急
转胁迫对水稻产量及产量构成的影响;探讨了旱涝急转不同旱涝组合条件下,
水稻干物质积累与分配的变化特征;构建了旱涝急转下水稻光合生产与干物
质积累模型,基于试验观测资料对模型进行验证。

1.2　变化水环境对作物的影响机制概论

1.2.1　旱、涝胁迫对水稻产量及产量构成的影响

1.2.1.1　单旱胁迫对水稻产量及产量构成的影响

大量研究结果表明,干旱限制作物的生长和产量。分蘖期干旱抑制了水
稻的分蘖数、叶面积指数(LAI)和株高,减产率达到 30%左右,有效穗不足、穗
粒数降低是导致减产的主要原因(邵玺文等,2005),该时期水稻有很强的自
我调节机制,可以通过改变有机物的运移及根系分布以减轻干旱伤害(周广
生等,2005)。拔节孕穗期干旱水稻有效穗、LAI 和株高均减少,产量减少超过
60%,减产原因与有效穗不足、穗粒数少、千粒重低有关(邵玺文等,2004),干
旱复水后功能叶面积有所增加,减产情况有所缓和(段素梅等,2014)。幼穗
分化后期(花粉母细胞形成期)对干旱胁迫最敏感,干旱抑制了水稻花药中糖
类代谢和淀粉积累(DeStorme et al.,2014),使颖花中的脱落酸(ABA)浓度增
加,从而引起水稻颖花不孕(Bodner et al.,2015;Cattivelli et al.,2008),中度旱
胁迫条件,二次枝梗和每穗颖花退化率分别为 70%和 40%~45%(Kato et al.,
2008),结实率、单株成穗数和千粒重下降是减产的主要原因(丁友苗等,
2002)。开花期干旱使抽穗率和花药散粉受到抑制(Do et al.,2013;Barnabas
et al.,2008)导致籽粒数降低,结实率、千粒重减少(贺红,2009;张瑞珍等,
2006),收获指数降低达 60%(Bodner et al.,2015;Farooq et al.,2009)。灌浆结
实期干旱使强、弱势粒灌浆时间缩短,灌浆加快,灌浆不充实,秕粒率增加,结
实率和千粒重减少,产量降低(Yang et al.,2006;王维等,2005;Nagata et al.,
2001;Yang et al.,2001),这一时期干旱对潜在产量会造成无法挽回的损失
(Mussell et al.,1985),也有研究认为,籽粒灌浆期适度的干旱胁迫可以提高结
实率、粒重以及籽粒产量(赵步洪等,2004a,2004b)。因此,任何生育阶段干
旱胁迫都会导致减产,孕穗期和开花期减产最大,其次是分蘖中期、前期。分
蘖期减产原因与穗数减少有关,孕穗期穗小、穗粒数少、结实率和千粒重低是

导致减产的主要原因,开花期和灌浆期减产主要受到千粒重减少的影响(张世乔,2018;王成瑗,2008;邵玺文等,2007;张玉屏等,2005)。

1.2.1.2 单涝胁迫对水稻产量及产量构成的影响

作物部分到完全淹水引起植物死亡、分蘖和干物质减少,作物群体生长和籽粒产量不良(Akhtar et al.,2013;Waisurasingha et al.,2008)。淹水的负效应是由于机械损伤、叶片淤泥、光照减少、植物组织溶质的溢出、对害虫和疾病的敏感性增加、气体扩散受限引起的。气体扩散受限是淹水期间水稻生存受限的最主要因素(田志环,2008)。扩散慢的结果是:①限制光合作用中 CO_2 的流入;②限制白天 O_2 从叶片流出引起光呼吸加强;③夜间茎和根中 O_2 不足;④增加了乙烯的累积(Mackill et al.,2012)。滞水限制气体扩散使叶片边缘层发育,导致气体扩散阻力增加和光合作用可获得的 CO_2 减少(Pedersen et al.,2010),植物淹涝条件下光合固碳能力受限,可溶性糖、淀粉和总糖量下降,机体营养储备减少(Pedersen et al.,2013;Colmer et al.,2011;Voesenek,2006;Jackson,2003)。进一步说,根部供氧限制加速了碳水化合物的降解和减少了营养吸收(Colmer et al.,2011),低的 O_2 水平使植物组织中乙烯合成增加,同时,由于在水中扩散较慢,乙烯进一步贮存在淹水组织中。乙烯的累积引起节间伸长,衰老提前。

淹涝胁迫会影响水稻的生长发育,对其产量和品质产生不良的影响(邵长秀等,2019;Hattori et al.,2011)。涝害造成的减产除洪涝本身对水稻造成的直接伤害外,也是诱导的次生胁迫如低氧、缺氧、高浓度乙烯等综合作用的结果(夏石头等,2000;李玉昌,1998),有效穗数、每穗粒数、千粒重、结实率下降是造成减产的主要原因(蔺万煌等,1997)。分蘖期全淹较 2/3 淹减产更明显(张艳贵等,2014),减产随淹水时间的延长而加剧,空秕粒数增加(王斌,2014),有效穗数、穗总粒数、千粒重下降是分蘖期淹水减产的主要原因(宣守丽等,2013;梅少华等,2011)。拔节孕穗期水稻对半淹条件具有一定的适应能力,没顶淹涝条件减产加剧(王矿等,2016,2015,2014),空壳率高、穗结实粒数低、千粒重低被认为是拔节期淹水产量下降的主要原因(陆魁东等,2015;宁金花等,2014a,2014b)。抽穗扬花期淹涝对产量结构的影响较大(宁金花等,2013)。灌浆期是籽粒形成关键期,此期淹涝直接影响功能叶发挥作用,有效穗数下降是该时期减产的主要原因(姬静华等,2016;吴启侠等,2014)。

1.2.1.3 旱涝急转对水稻产量及产量构成的影响

旱、涝胁迫均会对水稻产量及产量构成因素产生不利影响(Akhtar et al.,2013;Suralta et al.,2008)。旱、涝联合胁迫的叠加效应是彼此削减还是互为补偿? 这对于探究旱涝急转致灾机理意义重大(Gao et al.,2019;高芸等,2017)。目前,关于旱涝急转胁迫对作物水分生理与最终产量形成的影响研究开展较少,但对旱后复水、干湿交替(AWD)或控制灌排(CID)的研究结论较多(Darz et al.,2017;Shao et al.,2014;Yao et al.,2012;ZHANG et al.,2007),值得借鉴。大多数研究表明,分蘖期、抽穗扬花期轻度水分亏缺后复水出现产量补偿效应(汪妮娜等,2013;彭世彰等,2012),穗数、穗粒数均有下降,千粒重提高(郭慧等,2013;魏征等,2010;蔡昆争等,2008)。对 AWD 的研究也有同样结论(Yao et al.,2012),原因与侧根发育的可塑性增加、根系吸水能力提高有关(Suralta et al.,2008)。但也有研究认为,旱涝交替分别降低了分蘖期、拔节期的有效穗数、穗粒数,使水稻减产(郭相平等,2015b)。

目前,有关不同程度不同持续时间的旱、涝以及旱涝急转组合对水稻产量及产量构成的影响研究较少,仅有的研究对产量形成机制的试验开展不够深入,试验仅对某一种旱涝组合下,不同生育期的产量与产量性状试验数据进行分析(郭相平等,2015b;刘凯等,2008),得到的减产结果并未表现出一致性规律。研究表明,与正常淹灌条件相比,拔节期发生旱涝急转会降低水稻产量,并且相对于单旱、单涝条件,旱涝急转对产量的影响更加严重,减产率整体表现为:旱涝急转组>单旱组>单涝组>正常组(邓艳等,2017;熊强强等,2017a;郭相平等,2015b)。不同生育期发生旱涝急转对产量的影响不同,分蘖期旱涝急转组减产率为 20%~30%(熊强强等,2017a;郭相平等,2015b),穗分化期早稻减产率为 20%~50%(邓艳等,2017;熊强强等,2017c),穗分化期晚稻减产程度比早稻稍有减轻,减产率在 20%左右(熊强强等,2017c),旱涝急转较 AWD 及 CID 对产量的影响更加严重。

不同程度的旱涝急转对产量的影响也不相同,并且无论是早稻还是晚稻,重旱重涝组产量下降最大(邓艳等,2017;熊强强等,2017c),但前期干旱和后期淹涝的交互作用并没有得到统一的结论。比如,邓艳等(2017)的研究表明相对正常组单株产量,单旱组约减少 7 g,单涝组约减少 4 g,旱涝急转组约减少 8 g,说明旱涝急转对产量的损伤作用小于单一旱、涝胁迫的简单加和;熊强强等(2017a)的研究则表明相对正常组单株产量,分蘖期单旱组约减少 2 g,单涝组约减少 1 g,旱涝急转组约减少 6 g,幼穗分化期单旱组约减少 4 g,单涝组约减少 3 g,旱涝急转组约减少 9 g,说明旱涝急转对产量的损伤作用大于单一旱、涝胁迫。对于旱涝联合灾害的其他形式,如先涝后旱的情况也会对作物产量造成影响,但是前期淹涝是否增加了后期干旱的风险并没有统一的结论(Shao et al.,2016;Dickin et al.,2008;Cannell et al.,1984,1980)。比如 Canell

等(1984)认为受到不同土壤条件的影响,前涝不一定会增加后涝的风险,涝后受旱对黏土条件下的冬小麦、冬大麦产量均具有减产效应,而砂质土壤冬季涝渍对产量并没有显著影响;Dickin等(2008)在不同年份间的试验结果也不一致,2002年相对正常组,单涝组减少了4个单位产量,单旱组减少了8个单位产量,旱涝急转组减少了8个单位产量,说明严重的旱胁迫似乎掩盖了前期涝对成熟期产量作用的效果,即旱涝存在相互作用,而2003年相对正常组,单涝组减少了2个单位产量,单旱组减少了2个单位产量,旱涝急转组减少了4个单位产量,旱涝的作用似乎是相加的,即旱涝不存在相互作用。因此,不同生育期,不同旱涝程度,不同土壤条件,不同旱涝联合形式下的旱涝急转对产量的影响结果不同。

另外,关于影响因素、影响机制与影响结果方面的研究也存在不足之处。不同阶段发生旱涝急转对产量构成因素的影响不同,分蘖期发生旱涝急转主要影响有效穗数;穗分化期发生旱涝急转主要影响有效穗数、每穗粒数和结实率(熊强强等,2017a;郭相平等,2015b;Shao et al.,2014)。旱涝急转期间光合特性及内源激素平衡的改变是导致产量变化的根本原因,而目前对此影响机制的研究成果相对较少,某些结论存在矛盾之处(郭相平等,2008;Kawano et al.,2008;Wang et al.,2008)。在不同的旱、涝胁迫组合条件下,旱后淹涝对产量影响的结论到底是叠加损伤还是拮抗补偿作用争议较大(邓艳等,2017;熊强强等,2017c;郭相平等,2015a;郝树荣等,2009)。郝树荣等(2009)、郭相平等(2015a)等认为前期干旱加强了水稻对后继淹涝的抵抗能力,旱、涝表现为拮抗补偿,而邓艳等(2017)、熊强强等(2017a,2017c)等认为旱涝表现为联合削减效应,旱、涝对水稻产量均产生不利影响。

1.2.2　旱、涝胁迫下水稻干物质积累与分配的变化特征

水稻籽粒产量决定于总的干物质生产和它向籽粒的分配。开展变化水环境下物质积累、分配、运移规律的研究对于分析产量形成机制尤为重要。水稻籽粒的灌浆物质来源于抽穗前储存在茎鞘中的非结构性碳水化合物和抽穗后的光合产物(Das et al.,2005)。前期物质积累多,后期转运能力强,光合产物能更多地运送到稻穗中(李杰等,2011)。花前积累的光合产物大部分以非结构性碳水化合物的形式储存在茎鞘中,抽穗前储存在茎鞘中的碳水化合物对籽粒产量的贡献率为0~40%,受品种和环境条件的影响。花后68%的光合产物被运送到穗部,这些转运物质对最终产量的贡献率为20%~40%。

干旱胁迫对水稻干物质积累与分配、转运率,对籽粒的贡献率均有一定影

响(Lemoine et al.,2013；Yang et al.,2000)。干旱条件降低了正在分化或扩展过程中水稻叶片的生长,单株叶面积减少,光合同化能力下降,干物质积累减少(Parry,2002)。也有研究指出,适度干旱胁迫有效促进了茎贮存碳水化合物的输出,籽粒转运率增加,对籽粒产量的贡献率可达30%以上(Zhang et al.,2009),但这并不能补偿光合同化下降的损失(王贺正等,2009；王维等,2005,2004；杨建昌等,2004)。短期干旱使水稻叶、根、穗分配指数降低,茎鞘分配指数升高(胡继超等,2004b),但也有研究认为地上地下干物质分配比例发生变化,原因是干旱条件下根系仍以较高的活力进行物质积累,从而形成较大的"次库",与籽粒争夺光合产物(Lanceras et al.,2004)。严重水分处理茎鞘物质的转运率和转换率高于对照(崔国贤等,2001),原因是水分胁迫提高了α淀粉酶、蔗糖磷酸合成酶的活性,抑制了蔗糖转化酶的活化状态,促进了淀粉水解和蔗糖合成,加速了贮存物质的降解和转移(Yang et al.,2001)。洪涝胁迫会引起植株的形态结构发生变化,主要表现为干物质减少、生长受阻、根变细、根系活力下降等(Engelaar et al.,2000),随着淹涝时间的延长,干物质累积量呈现先减小后增大的趋势(于艳梅等,2018)。淹水使干物质更多地分给地上部分,同时促进叶面积增加(Yang et al.,2002),碳素向顶部节间的转运立即受到促进,稻株通过调整光合同化物的分布促进节间的生长(田志环,2008)。分蘖期淹水绿叶分配指数下降,茎秆分配指数增加,随淹水时间延长,受灾加剧且恢复缓慢,全淹较半淹更加明显(宣守丽等,2013)。拔节孕穗期淹水使植株干物质量增加(王矿等,2016,2015)。生殖生长阶段淹水使植株积累较多的干物质,开花期营养器官的干物质高,因而成熟时空壳率降低,谷物产量提高。干旱和涝渍胁迫均会降低植株总干物重,会改变干物质向各器官的分配比例,但并不影响地上部各器官之间的分配比例次序。干旱和淹涝胁迫对植株地上部和地下部干物质分配的影响相反。干旱胁迫对地上部的影响大于地下部,干物质向根的分配比例升高；而渍水后根系生长受到严重抑制,干物质在地下部的分配比例降低(王旭一,2011；王艺陶,2009；胡继超等,2004a)。

相较单一旱涝条件,变化水环境下干物质积累与分配变化特征开展的研究较少。目前的研究结果表明,穗分化期发生旱涝急转,旱、涝胁迫对总干物质积累存在叠加削减效应,并且前期重旱后期急转重涝的处理对总干物质量影响最为严重。旱、涝胁迫均会引起茎、叶干物质量的减少,涝对叶片的损伤更轻,前期重旱比后期重涝对穗部干物质量的影响更大(熊强强,2017a,2017b)。拔节期发生旱涝急转干物质积累量减少,减少率为10%(轻旱+涝)~

35%(重旱重涝)。不同的试验设置,结果均符合这一规律(王振昌等,2016)。从干物质分配的角度来看,总干物质的下降与茎鞘干物质减少有关,茎鞘贮藏物质的输出率和向籽粒的转化率下降导致收获指数的减少(王振昌等,2016)。但也有研究认为,旱、涝胁迫降低了各器官后继各生育阶段的光合同化物积累量,却提高了水稻光合同化物分配比例,减少了茎、叶光合同化物的生长冗余(郭相平等,2015a)。以上试验结果均是在旱涝处理结束后进行破坏取样,并不能说明旱涝急转下作物生长周期内干物质积累与分配完整的变化过程,且多采用单因素试验方法,旱涝组合设置较少,试验结果不一致。对于前期干旱与后期淹涝胁迫的补偿或削减作用没有给出清晰的结论。

1.2.3　作物生长模拟模型

目前,采用较多的作物生长模拟方法可以归为两类:作物水分生产函数、作物模型。前者主要关注作物的最终产量或总干物质量,以统计学原理表达作物减产与环境主要胁迫之间的关系;后者关注作物各个器官的生长、发育以及产量的形成过程,属于半理论半经验模型。

1.2.3.1　作物水分生产函数

作物水分生产函数按照是否考虑干物质积累过程可分为两类:一类是描述作物最终产量与水分投入要素间宏观关系的静态模型,包括全生育期模型和生育阶段模型;另一类是以物理学和植物生理学理论为基础,描述作物干物质积累过程及产量形成与水分动态变化关系的动态模型。全生育期模型建立产量与水分(灌水量、腾发量、土壤含水率)间的经验关系,由于忽略了灌水时间对作物产量的影响,导致水分投入总量相同,所得产量结果相同,与实际不符。生育阶段模型又可分为乘法模型与加法模型,乘法模型以 Jensen 模型、Minhas 模型、Rao 模型、Hanks 模型为代表,以连乘的形式反映各阶段缺水对产量的影响。加法模型如 Blank 模型、Stewart 模型、Singh 模型、D-G 模型,认为各阶段缺水单独作用于产量,与乘法模型相比,忽略了各阶段之间的关联性。动态模型以 Feddes 模型和 Morgan 模型为代表,虽然可以模拟作物生长过程与水分之间的关系,但仍属于经验方程。

目前,对于作物水分生产函数(生育阶段模型)已有大量研究,多数是对不同水分供应(受旱)或不同环境条件下作物敏感性指数的讨论(Shang et al.,2013;Plaut et al.,2013;Kang et al.,2002),包括敏感指数的时空移用方法(茆智等,1994)、长时段敏感指数的转换(王仰仁等,1997)、敏感指标等值线图的绘制(崔远来等,2002),以及敏感指数在年际间的确定方法等(张玉顺等,2003)。对于涝渍条件下水分生产函数的研究多数是以水位变化替代作物蒸腾得到的。1963年Seiben在研究作物产量与地下水位小于30 cm累积值的基础上,提出了累积超标准水位SEW_x的概念,随后一些学者以SEW_{30}(王修贵等,1999)、累积涝渍水深(SFEW)(沈荣开等,1999)、多过程涝渍胁迫相对产量与涝渍因子(SFW、SFW_{50}、$SFEW_{50}$)(程伦国等,2006)、时空划分型涝渍分离指标(钱龙等,2013)为基础改进了作物水分生产函数,使其可以应用于淹涝的情况。由于SEW_x概念并没有考虑地下水变化过程,而作物产量随地下水埋深变动发生变化,因此对淹涝条件下作物水分生产函数的改进也有基于Hiler(1969)提出的超地下水位某一深度的持续时间累计值(SDI)为基础,以时间为尺度提出了减速因子(张蔚榛等,1997)、涝渍连续抑制天数(CSDI)和涝渍权重系数(CW)(汤广民,1999),地下水位埋深小于某一特定值的作用时间T_x(朱建强等,2006,2003),以及先涝后渍胁迫下的排水指标$CSFEW_{30}$(钱龙等,2015)。除以上两种方法,也有学者建立了涝渍胁迫下产量与多变量(作物形态变量、作物生理变量、土壤水分变量)之间的关系模型(莫春华,2012)。对旱、涝、渍联合水灾害过程下作物水分生产函数的改进多采用同样的思路(程晓峰,2017;王媛等,2016;黄仕锋,2007)。以上研究大多以试验数据为基础,采用统计分析的方法将旱、涝过程进行叠加,虽然可以为旱涝急转下作物的生长和产量形成规律提供一定依据,但由于作物水分生产函数类似于黑箱模型的局限性,因此不能模拟符合作物水分生理机制的实际生长过程。

1.2.3.2 作物模型

根据驱动方式,可将作物生长模型分为三类(吴灏,2018)(见表1-1):第一类为以碳同化为基础,如WOFOST模型、SWAP模型、ORYZA模型(Bouman et al.,2001;Dam et al.,1997;Keulen et al.,1986);第二类为以光能拦截为基础,如DSSAT模型、APSIM模型、EPIC模型(Dettori et al.,2011;Keating et al.,2003;Williams et al.,1989);第三类为以水分传输为基础,如CropSyst模型、AquaCrop模型、CROPR模型(Steduto et al.,2009;Stöckle et al.,2003;Feddes,1978)。模型以土壤水分状况为依据,采用水分胁迫指标对光合同化项进行修正,不同模型计算方法略有差异。受旱条件以叶片实际蒸腾量与潜在蒸腾量之比作为水分胁迫系数(Raes et al.,2009)。涝渍条件以土壤含水率的函数作为通气因子或通气胁迫系数(Qian et al.,2017;Stricevic et al.,2011;Steduto et al.,2009;Williams et al.,1989)。但也有部分模型对涝渍情况做了简化处理,如 APSIM 模型令涝渍胁迫系数为 0.2(Keating et al.,2003),而 WOFOST 模型和 SWAP 模型甚至没有考虑涝渍胁迫情况(Dam et al.,1997;Keulen et al.,1986)。作物模型虽然属于机理模型,但其模拟作物生长或环境动态的某些过程仍建立在经验关系之上(林忠辉,2003;孙忠富等,2002;杨京平等,1999;廖桂平等,1998;宇振荣等,1994)。模型中未考虑诸如台风、冰雹、洪涝等灾害天气,以及病、虫、草等危害对水稻产量的影响(叶芳毅等,2009)。关于水分胁迫因子考虑得都较为简化,且大多数的作物模型没有考虑过量水分胁迫的影响(Holzkämperet et al.,2015;张均华等,2012)。此外,计算过程通常需要输入大量的参数,也大大降低了模型的实用性。

表 1-1　作物模型分类

模型分类	模型名称	受旱条件	涝渍条件
以碳同化为基础	WOFOST	以实际蒸腾量与潜在蒸腾量之比(ET_a/ET_p)修正光合同化项	—
	SWAP		—
	ORYZA		$f(\theta)$
以光能拦截为基础	DSSAT		$f(\theta)$
	APSIM		0.2
	EPIC		$f(\theta)$
以水分传输为基础	CropSyst		$f(\theta)$
	AquaCrop		$f(\theta)$
	CROPR		$f(\theta)$

1.2.4　光合同化模型

光合作用涉及光能的吸收、能量转换、电子传递、ATP 合成、CO_2 固定等一系列复杂的物理和化学反应过程。光是光合作用中光能的唯一来源,CO_2 则是光合作用的基本原料(叶子飘,2010;Awada et al.,2003;Damesin,2003;Moreno-Sotomayor et al.,2002)。Baly(1935)利用直角双曲线表达了植物光合作用对光的响应,而后一些学者又用非直角双曲线等数学模式对光合作用对光的响应进行描述。目前,光合同化模型最为常用的有光响应模型、CO_2 响应模型、光合生化模型(见表 1-2)。

表 1-2 光合同化模型分类

光合同化模型	模型分类	计算方法
光响应模型	直角双曲线模型 (Baly,1935)	$A_n(I) = \dfrac{\alpha I A_{max}}{\alpha I + A_{max}} - R_d$
	非直角双曲线模型 (Thornley,1976)	$A_n(I) = \dfrac{\alpha I + A_{max} - \sqrt{(\alpha I + A_{max})^2 - 4\theta\alpha I A_{max}}}{2\theta} - R_d$
	指数方程 (Bassman et al.,1991)	$A_n(I) = A_{max}(1 - e^{-\alpha I/A_{max}}) - R_d$
	直角双曲线修正模型 (Ye et al.,2008)	$A_n(I) = \alpha \dfrac{1 - \beta I}{1 + \gamma I} I - R_d$
CO_2 响应模型	直角双曲线模型 (Cai et al.,2000)	$A_n(C_i) = \dfrac{\alpha P_{max} C_i}{\alpha C_i + P_{max}} - R_d$
	Michaelis-Menten 模型 (Harley et al.,1992)	$A_n(C_i) = \dfrac{P_{max} C_i}{C_i + K} - R_d$
	直角双曲线修正模型 (叶子飘和于强,2009)	$A_n(C_i) = a \dfrac{1 - bC_i}{1 + cC_i} C_i - R_d$
光合生化模型 (Farquhar,1980) 快速光曲线计算	直角双曲线模型 (Baly,1935)	$J = \dfrac{\alpha J_{max}}{\alpha I + J_{max}} I$
	非直角双曲线模型 (Thornley,1976)	$J = \dfrac{\alpha I + J_{max} - \sqrt{(\alpha I + J_{max})^2 - 4\theta\alpha I J_{max}}}{2\theta}$
	单指数方程 (Harrison 和 Platt,1986)	$J = J_{max}(1 - e^{-\alpha I/J_{max}})$
	双指数方程 (Platt al et.,1980)	$J = J_s(1 - e^{-\alpha I/J_s}) e^{-\beta I/J_s}$
	直角双曲线修正模型 (叶子飘等,2011)	$J = a \dfrac{1 - bI}{1 + cI} I$

注:表中,$A_n(I)$、$A_n(C_i)$ 为净光合速率,J 为电子传递速率,I 为光强,C_i 为胞间 CO_2 浓度,α 为光响应曲线或 CO_2 响应曲线或快递光曲线的初始斜率,θ 为曲线曲率,β、γ、a、b、c 为系数,K 为 Michaelis-Menten 常数,A_{max}、P_{max} 为最大净光合速率,J_{max}、J_s 为最大电子传递速率,R_d 为暗呼吸速率。

(1)植物光合作用对光响应模型研究的是净光合速率和光合有效辐射之

间的关系(闫小红等,2013;Robert et al.,1984)。Blackman(1905)提出第一个光合作用对光响应模型[见式(1-1)],而后一些学者提出了不同的光响应模型,最常用的有直角双曲线模型(Baly,1935)、非直角双曲线模型(Thornlye,1976)、指数方程(Pardo et al.,1997;Bassman et al.,1991)和直角双曲线修正模型(闫小红等,2013;叶子飘,2010;Ye et al.,2008;Ye,2007)等。

$$P_n = \begin{cases} \alpha I - R_d & I \leqslant P_{nmax}/\alpha \\ P_{nmax} - R_d & I > P_{nmax}/\alpha \end{cases} \qquad (1\text{-}1)$$

式中,P_n 为净光合速率;α 为光响应曲线的初始斜率;I 为光强;R_d 为暗呼吸速率;P_{nmax} 为最大净光合速率。

(2)植物光合作用对 CO_2 响应模型研究的是植物净光合速率和 CO_2 之间的关系。植物光合作用对 CO_2 响应的生化模型中,应用最广泛的是 Farquhar 模型(Farquhar,1980)及其修正模型(Ethier et al.,2004;Long et al.,2003;Bernacchi et al.,2001;Von Caemmerer,2000;Harley et al.,1991;Von Caemmerer et al.,1981)、经验模型 Michaelis-Menten 模型(Harley et al.,1992)和直角双曲线模型等。

(3)植物光合作用生化模型定量表达了叶片光合作用对光、CO_2、O_2 和温度的响应(Farquhar,1980)。相较于光响应模型只涉及光合的转换,光合生化模型包含了同化力形成和碳同化这两个基本过程(叶子飘,2010)。模型以 RuBP 羧化-氧化动力学过程为基础,重点发展了光合作用的碳还原(PCR)、光呼吸的碳氧化(PCO)、光驱动的电子传递过程及其 NADPH 和 ATP 再生循环过程的定量表达方法。

上述光响应模型、CO_2 响应模型、光合生化模型,经过适当地变换均可转化为米氏方程(Michaelis-Menten 模型),其计算原理类似于将光或者 CO_2 视为底物进行酶促反应。其中,光合模型指数方程是目前作物生长模拟模型采用较多的光合计算方法。水分胁迫下,作物模型通常采用独立于光合模型之外的水分胁迫系数(水分胁迫系数 = 实际蒸腾量/潜在蒸腾量)对光合速率进行调整,即认为土壤水分胁迫是通过蒸腾的变化实现对光合的调整,忽略了气孔行为对碳水平衡的影响。奢侈蒸腾的存在证实了气孔对边际水分利用率的调节作用,已有研究表明,光合速率受这种调节作用的影响(纪莎莎,2017;范嘉智等,2016)。

1.2.5 作物奢侈蒸腾与最优气孔行为理论

气孔是植物控制叶片与大气之间碳、水交换的重要门户,其行为同时控制着叶片的光合和蒸腾。光合作用和叶面蒸腾对气孔开张度的反应不同(Gilbert et al.,2011;Davies et al.,1991;Jones,1976),一定范围内,光合速率随气孔导度的增加而增加,但当气孔导度达到某一值后,气孔导度增加而光合速率增加不明显,蒸腾速率则随气孔导度的增大线性增加(史文娟等,2004),该部分蒸腾属于没有必要的水分消耗,称为奢侈蒸腾(杨文文等,2006;王会肖等,2003)。已有研究表明,在植物水分不敏感的某些生育阶段进行水分胁迫锻炼,可以协调根冠关系和降低奢侈蒸腾,在水分敏感生育期复水具有生长补偿效应,经济产量不显著降低(梅旭荣等,2013;Kang et al.,2000,1998)。由于光合和蒸腾的非线性关系是在饱和水汽压差一定时通过回归分析得到的,因此是统计意义上的定量关系。实际光合和蒸腾的关系与光照、温度、CO_2 浓度、饱和水汽压差、土壤湿度等多个环境因子相关,光合、蒸腾和气孔导度是一个耦合的整体,探讨光合与蒸腾的关系必须考虑气孔的影响(纪莎莎,2017)。最优气孔行为理论认为当可蒸腾水量一定时,通过气孔的调节,实现对水分的最优利用(Cowan et al.,1971)。气孔最优调节的实质是碳同化和水分损失之间的博弈,是寻求变化环境条件下最优的气孔状态来实现叶片光合同化能力与蒸腾速率之间的最佳协调,以达到叶片水平的高效用水。其中,最佳协调是指气孔行为处于最优状态。根据气孔进化的观点,植物叶片气孔对环境因素变化响应的结果是使一天中可蒸腾水量一定时碳同化量最大,全天水分利用效率最高,因此气孔行为最优时的光合速率符合作物生长实际的碳同化过程。Cowan 等(1977)将碳同化边际水分消耗作为气孔对水分利用最优调控的判据 λ,用数学上的变分原理推出了实现这种最优调节的气孔响应方式:判据 λ 在一天中保持不变。气孔导度斜率 g_1 及判据 λ 是气孔调节最优化理论中两个重要的参数。g_1 无法从试验中直接获得,但其随着边际水分利用效率的提高而降低,随 CO_2 补偿点 $\varGamma$ 的提高而提高(Medlyn et al.,2011);λ 与作物种类和土壤含水率有关(Katul et al.,2012;Arneth et al.,2002;Thomas et al.,1999)。

1.2.5.1 关于气孔导度斜率 g_1 的探讨

气孔导度斜率 g_1 是计算最优气孔导度的关键参数。已有研究表明,气孔导度斜率随边界水分利用效率的升高而降低,随 CO_2 补偿点的升高而升高(Heroult et al.,2013;Medlyn et al.,2011)。

$$g_s = g_0 + 1.6(1 + \frac{g_1}{\sqrt{\dfrac{\text{VPD}}{P}}}) \frac{A}{C_a} \tag{1-2}$$

$$g_1 \propto \sqrt{\frac{\Gamma^*}{\lambda}} \tag{1-3}$$

式中,g_s 为气孔导度,$\text{mol}/(\text{m}^2 \cdot \text{s})$;$g_0$ 为净光合速率为 0 时的残余气孔导度,$\text{mol}/(\text{m}^2 \cdot \text{s})$;$g_1$ 为气孔导度斜率;VPD 为叶面饱和水汽压差,kPa;P 为大气压强,kPa;A 是净光合同化速率,$\mu\text{mol}/(\text{m}^2 \cdot \text{s})$;$C_a$ 为环境 CO_2 浓度,ppm($1\ \text{ppm} = 1 \times 10^{-6}$,全书同);$\Gamma^*$ 为 CO_2 补偿点,$\mu\text{mol}/\text{mol}$;λ 为边际水分利用效率,$\mu\text{mol}/\text{mol}$。

优化模型 OSR(optimal stomatal regulation model,OSR)假定气孔行为最优时光合速率受 RuBP 再生速率限制而不是受 Rubisco 酶活性限制(Medlyn et al.,2011;Arneth et al.,2002),求解参数 g_1 如下:

$$g_1 = \sqrt{\frac{3\Gamma^*}{1.6\lambda}} \tag{1-4}$$

Lin 等(2015)的研究表明,g_1 与气象变量呈非线性关系,据此建立了混合效应模型[见式(1-5)]。由于模型中 g_1 是在给定的植物功能型(PFT)下的观测值,DeKauwe 等(2015)提出估计不同植物品种 g_1 值的方法,对该模型进行了修正[见式(1-6)]。Misson 等(2004)认为气孔导度斜率 g_1 除与降雨、温度因素有关外,还受到光照条件的影响,但尚未给出具体表达式。

$$\log(g_1) = a + b \times \text{MI} + c \times \bar{T} + d \times \text{MI} \times \bar{T} \tag{1-5}$$

$$\log(g_1) = a + b \times \text{MI} + c \times \bar{T} + d \times \text{MI} \times \bar{T} + e \times \text{PFT} \tag{1-6}$$

式中,$\bar{T}$ 为高于 0 ℃的年平均有效温度;MI 为平均降雨量与蒸腾量之比;a,b,c,d,e 为模型系数。

1.2.5.2　最优气孔导度对水分环境的响应函数

已有研究通常采用土壤含水率 θ_s、土壤体积含水率 θ_v、土壤水势 Ψ_s、叶水势 Ψ_L 等参数表征植物的水环境,尚未考虑其在时间上的累积效应。完全经验的 Jarvis 模型对水分状况(θ 或者 Ψ)的响应公式如下:

Stewart 等(1988):

$$g_s = g_{\text{smax}} f(Q) f(T_1) f(\text{VPD}) f(\delta\theta) \tag{1-7}$$

$$f(\delta\theta) = 1 - e^{k(\delta\theta - \delta\theta_m)} \tag{1-8}$$

Misson 等(2004):

$$g_s = f(Q)f(T_1)f(VPD)f(\Psi_{pd}) \tag{1-9}$$

$$f(\Psi_{pd}) = g_{smax} - a(\Psi_{min} - \Psi_{pd}) \tag{1-10}$$

MacFarlane 等(2004):

$$g_s = g_{smax} f(Q)f(T_1)f(VPD)f(\Psi_{pd}) \tag{1-11}$$

$$f(\Psi_{pd}) = 1.09e^{1.27S(\Psi)} \tag{1-12}$$

$$S(\Psi) = \frac{1}{n}\sum(-\Psi_{pd} - 0.2) \tag{1-13}$$

式中,g_s 为气孔导度,$mol/(m^2 \cdot s)$;g_{smax} 为最大气孔导度,$mol/(m^2 \cdot s)$;Q 为光合有效辐射,$\mu mol/(m^2 \cdot s)$;T_1 为叶面温度,℃;VPD 为叶面饱和水汽压差,kPa;$\delta\theta$ 为土壤水分亏缺状况;$\delta\theta_m$ 为土壤最大缺水量;Ψ_{pd} 为黎明期叶水势,MPa;Ψ_{min} 为黎明期叶水势最小值,MPa。

Anderegg 等(2017)在半经验 BBL 模型中加入叶水势韦伯函数形式的水分敏感调整系数,优化了碳同化过程,探讨了气孔导度对水分状况的响应公式如下:

$$g_s \propto \frac{A \times e^{-(\frac{\psi}{c})^b}}{(C_s - \Gamma^*)(1 + \frac{D}{d_1})} \tag{1-14}$$

式中,A 为净光合同化速率,$\mu mol/(m^2 \cdot s)$;C_s 为叶面 CO_2 浓度,$\mu mol/mol$;Γ^* 为 CO_2 补偿点,$\mu mol/mol$;D 为饱和水汽压差,kPa;c,b,d_1 为品种特性参数;其他符号意义同前。

水分胁迫条件下最优气孔导度模型的修正目前采用的方法主要有:①土壤湿度影响因子对气孔导度斜率 g_1 的调整[见式(1-15)、式(1-16)];②水分胁迫因子(θ 或者 Ψ)对边际水分利用效率 λ 的调整[见式(1-17)~式(1-20)]。

DeKauwe 等(2015)和 Kala 等(2015):

$$g_s = g_0 + 1.6(1 + \frac{g_1\beta}{\sqrt{D}})\frac{A}{C_s} \tag{1-15}$$

$$\beta = \frac{\theta - \theta_{wp}}{\theta_{fc} - \theta_{wp}} \tag{1-16}$$

式中,β 为土壤湿度影响因子($\beta \in [0,1]$);θ 为根区土壤体积含水率,m^3/m^3;θ_{wp} 为凋萎含水率,m^3/m^3;θ_{fc} 为田间持水量,m^3/m^3。

Katul 等（2012）：

$$\lambda(\psi_L) = \lambda_{max} \frac{C_a}{C_0} e^{-\beta \psi_L} \tag{1-17}$$

Larcher 等（2003）和 Manzoni 等（2011）：

$$\lambda(\Psi_L) = \lambda_{max} \frac{C_a}{C_0} e^{-\beta(\Psi_L - \Psi_{Lmax})^2} \tag{1-18}$$

式中，λ_{max} 为充分灌水条件下的边际水分利用率，$\mu mol/mol$；Ψ_L 为叶水势，MPa；Ψ_{Lmax} 为边际水分利用效率最大时的叶水势值，MPa；C_a 为大气 CO_2 浓度，$\mu mol/mol$；C_0 为参考 CO_2 浓度值（$C_0 = 400 \ \mu mol/mol$），$\mu mol \ mol$；β 为模型拟合参数；其他符号意义同前。

Ji 等（2017）：

$$\frac{1}{\lambda} = \frac{1}{\lambda_{max}} f(\theta) \tag{1-19}$$

$$f(\theta) = \begin{cases} 0 & \theta < \theta_{wp} \\ \dfrac{\theta - \theta_{wp}}{\theta_{fc} - \theta_{wp}} & \theta_{wp} \leqslant \theta \leqslant \theta_{fc} \\ 1 & \theta > \theta_{fc} \end{cases} \tag{1-20}$$

式中，$1/\lambda_{max}$ 为充分灌水条件下的碳同化边际水分消耗，$mol/\mu mol$；$f(\theta)$ 为水分胁迫影响因子。

1.3　本章小结

变化水环境，特别是旱涝急转过程对作物生长的影响是十分值得关注的问题，而研究作物气孔尺度下光合同化过程的变化对于作物模型的构建具有重要的指导作用。目前，对光合同化过程的研究大多集中在作物尺度或叶尺度水平，作物模型中变化水环境下光合同化过程的计算通常采用独立于光合模型之外的水分胁迫系数对光合速率进行调整，即认为土壤水分胁迫是通过蒸腾的变化实现对光合的调整，忽略了气孔行为对碳水平衡的影响。

本章系统总结了光合同化模型、作物模型在不同土壤水分状态下的修正方法，结合奢侈蒸腾和最优气孔行为理论探讨其可能存在的问题，并进一步分析了在变化水环境下，气孔行为最优的光合同化模型中两个重要参数（气孔导度斜率 g_1、边际水分利用效率 λ）的计算过程中尚待改进之处。

第 2 章　研究方法与试验方案

　　四因素三水平旱涝指标若开展全面试验需 81 组，由于试验条件、试验材料的限制，本章决定采用正交试验，因其具有"均衡分布"的特点，用 $L_9(3^4)$ 做的 9 次试验，可以较好地代表全面试验情况。由于不同旱涝急转组合 $L_9(3^4)$ 正交处理不考虑旱涝交互作用，试验补充了与旱涝急转组 DFAA1～DFAA9 前期干旱和后期淹涝设置相同的单旱组（DC1～DC9）和单涝组（FC1～FC9）的对比方案。设置 28 组不同旱涝组合形式，分析旱涝急转与极端旱涝减产规律的差异，量化先期旱与后期涝的补偿、削减作用，明确旱涝急转胁迫对产量构成因素的影响。

　　因淹水池容积及试验测桶数量的限制，2016～2018 年于每年 7 月 20 日左右分别开展一次旱涝急转破坏试验，2016 年选取重旱胁迫组（旱涝急转组 DFAA7～DFAA9，单旱组 DC7～DC9，单涝组 FC7～FC9），2017 年选取中旱胁迫组（DFAA4～DFAA6、DC4～DC6、FC4～FC6），2018 年选取轻旱胁迫组（DFAA1～DFAA3、DC1～DC3、FC1～FC3），分别于控水开始、旱期、涝期、复水前期、复水后期、收获期 6 个阶段进行根、茎、叶、穗的破坏试验。

　　本章部分图片电子资源：

2.1　研究区概况与试验设计

2.1.1　研究区概况

　　研究地点位于淮河水利委员会水利科学研究院新马桥农水综合试验站（117°22′E，33°09′N），属亚热带和热带过渡带，气候兼南北之长，四季分明，光照充足。该区气候具有明显的过渡性原因，与其地处中纬度地带特定的地理位置有关；该区兼有南北气候之长：光资源优于南方，水热资源优于北方；同时也兼有南北气候之短：降水时空变化大，表现出气候的明显变异性，有些年份少雨干旱，有些年份多雨成涝，旱涝灾害较频繁（郭美辰等，2012）。年平均气温 14.9 ℃,降雨量 871 mm,日照 2 170 h,平均海拔 16.0~22.5 m。试验土取自临近稻田耕作层,土壤类型为砂姜黑土,土壤质地为中壤土,剖面构型自上而下依次为黑土层、脱潜层、砂姜层,土壤容重为 12.15 kN/m³,土壤的田间持水量 28%(质量含水率),饱和含水率 42.9%(质量含水率)。2016~2018 年水稻生育期内平均温度、平均相对湿度、平均实际水汽压、风速、日照时数等气象数据的逐日变化过程如图 2-1 所示。

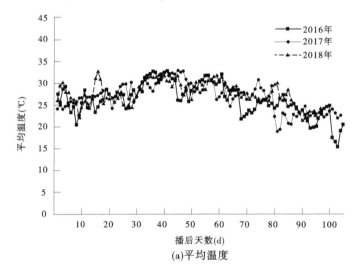

(a)平均温度

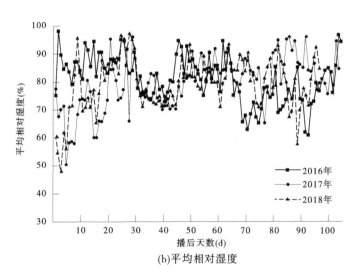

(b)平均相对湿度

图 2-1 2016~2018 年水稻生育期内不同气象要素的逐日变化过程

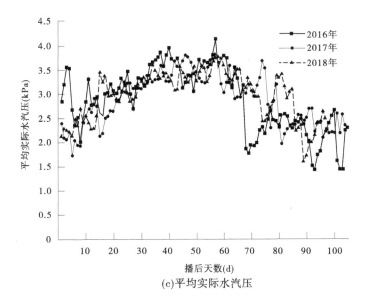

(c)平均实际水汽压

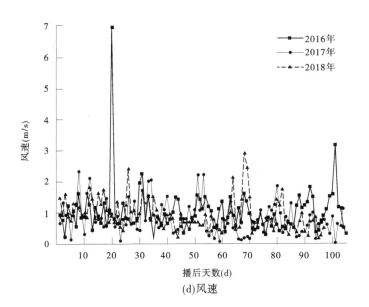

(d)风速

续图 2-1

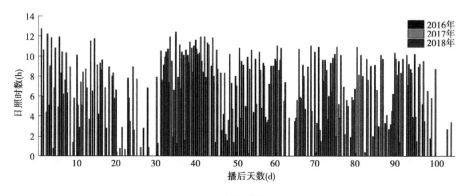

（e）日照时数

续图 2-1

2.1.2　试验设计

通过分析研究区旱涝急转事件历史统计资料发现,旱涝急转多发生于 7 月中下旬至 8 月中下旬,与水稻拔节孕穗期重合,因此本试验将旱涝急转设置在水稻拔节孕穗期(2016～2018 年旱、涝处理起止时间见表 2-2)。在参考国家受旱等级与排涝标准划分指标的基础上,参照崔远来(2002)、李阳生等(2001)的试验研究,将旱、涝控制因素设置为:①受旱程度:50%、60%、70%田间持水量;②受旱历时:5 d、10 d、15 d;③受涝淹没深度:50%、75%、100%株高;④受涝历时:5 d、7 d、9 d。上述四因素三水平旱涝指标若开展全面试验需 81 组,由于试验条件、试验材料的限制,本章采用正交试验。正交设计因具有"均衡分布"的特点,可以减少试验次数,提高试验效率。

已有研究表明,不同程度和持续时间的干旱和洪涝联合作用对多数耐淹涝作物的光合生理特性、光合生物量积累和产量形成、部分显示不存在交互作用(韩文娇等,2016;Elcan et al.,2002)、部分显示存在交互作用但不同旱涝程度和时间的组合对作物的影响并不一致(邓艳等,2017;熊强强等,2017c;Dickin et al.,2008;Cannell et al.,1984),即旱涝存在不显著的交互作用,据此 2018 年试验设置了不考虑旱涝交互作用的 $L_9(3^4)$ 组不同旱涝急转组合的正交处理 DFAA1～DFAA9 和 1 个对照处理 CK,并且补充了与旱涝急转组前期干旱和后期淹涝设置相同的单旱组(DC1～DC9)和单涝组(FC1～FC9)的对比方案。例如旱涝急转组 DFAA1 对应的单旱胁迫 DC1 和单涝胁迫 FC1 进行平行试验,试验设计方案见表 2-1 和图 2-2,具体分析了每一种旱涝组合下前期干旱与后期淹涝的补偿或削减作用。

表 2-1　旱涝因素及水平设置

处理组	旱程度(%)	旱时间(d)	旱水平	涝程度(%)	涝时间(d)	涝水平
DFAA1	70	5	S-LD	50	5	S-LF
DC1	70	5	S-LD	—	—	—
FC1	—	—	—	50	5	S-LF
DFAA2	70	10	M-LD	75	7	M-MF
DC2	70	10	M-LD	—	—	—
FC2	—	—	—	75	7	M-MF
DFAA3	70	15	L-LD	100	9	L-HF
DC3	70	15	L-LD	—	—	—
FC3	—	—	—	100	9	L-HF
DFAA4	60	5	S-MD	75	9	L-MF
DC4	60	5	S-MD	—	—	—
FC4	—	—	—	75	9	L-MF
DFAA5	60	10	M-MD	100	5	S-HF
DC5	60	10	M-MD	—	—	—
FC5	—	—	—	100	5	S-HF
DFAA6	60	15	L-MD	50	7	M-LF
DC6	60	15	L-MD	—	—	—
FC6	—	—	—	50	7	M-LF
DFAA7	50	5	S-HD	100	7	M-HF
DC7	50	5	S-HD	—	—	—
FC7	—	—	—	100	7	M-HF
DFAA8	50	10	M-HD	50	9	L-LF
DC8	50	10	M-HD	—	—	—
FC8	—	—	—	50	9	L-LF
DFAA9	50	15	L-HD	75	5	S-MF
DC9	50	15	L-HD	—	—	—
FC9	—	—	—	75	5	S-MF

注:表中旱程度是指土壤含水率占田间持水率的百分比;涝程度是指淹水深度占株高的比例。旱指
　标:LD 表示 70%田间持水量,MD 表示 60%田间持水量,HD 表示 50%田间持水量;涝指标:LF 表
　示淹深50%株高,MF 表示淹深75%株高,HF 表示淹深100%株高。旱持续时间:S-表示 5 d,M-
　表示 10 d,L-表示 15 d;涝持续时间:S-表示 5 d,M-表示 7 d,L-表示 9 d。

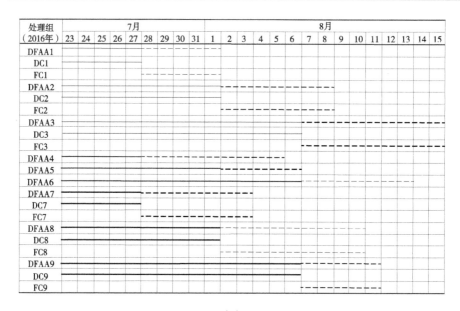

（a）

（b）

图 2-2　水稻旱涝急转试验设计

处理组 (2018年)	7月 17	18	19	20	21	22	23	24	25	26	27	28	29	30	31	8月 1	2	3	4	5	6	7	8	9	10	11	12	13
DFAA1																												
DC1																												
FC1																												
DFAA2																												
DC2																												
FC2																												
DFAA3																												
DC3																												
FC3																												
DFAA4																												
DC4																												
FC4																												
DFAA5																												
DC5																												
FC5																												
DFAA6																												
DC6																												
FC6																												
DFAA7																												
DC7																												
FC7																												
DFAA8																												
DC8																												
FC8																												
DFAA9																												
DC9																												
FC9																												

(c)

注:表中 DFAA 为旱涝急转组;DC 为单旱组;FC 为单涝组;数字表示日期;实线表示受旱时间;虚线表示
　　受涝时间。实线由细到粗分别表示 70%、60%、50%的田间持水量。虚线由细到粗分别表示 50%、
　　75%、100%株高淹没深度。在非旱涝胁迫期间,水稻田正常淹灌,维持土壤面以上 2~3 cm 水深。

续图 2-2

2.1.3　试验材料

水稻供试品种为 Ⅱ 优 898(生育期 100 d 左右)。播种日期 2016 年 5 月
20 日、2017 年 5 月 11 日和 2018 年 5 月 11 日,移栽日期 2016 年 6 月 20 日、
2017 年 6 月 11 日和 2018 年 6 月 11 日。所有试验均在内径 35 cm、高 45 cm
的大型有底铁桶中进行,种植密度为每桶 3 穴,每穴 2 株。在水稻全生育期内
进行正常的农事管理。在无旱涝胁迫的生长时段,水稻进行正常淹灌,以保证
水稻不受旱,利用遮雨棚使水稻不受雨涝。测桶内土壤的基本理化性质:pH
7.79,速效钾 93.91 mg/kg,有效磷 16.10 mg/kg,有机质 8.59 g/kg,全氮 632
mg/kg,碱解氮 92.11 mg/kg。经晒干、打碎、过筛后,均匀施肥,底肥施用尿素
3.0 g/桶,复合肥 7.2 g/桶。旱涝急转试验条件见图 2-3。不同处理条件下水
稻各生育期持续时间见图 2-4。

(a)试验测桶

(b)淹水池

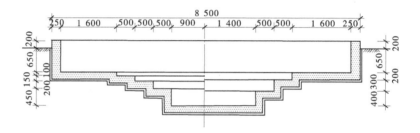

（c）淹水池剖面图　（单位:mm）

图 2-3　旱涝急转试验条件

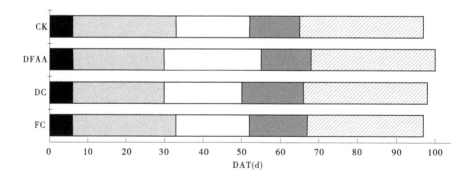

（a）2016 年

图 2-4　2016~2018 年水稻生育期

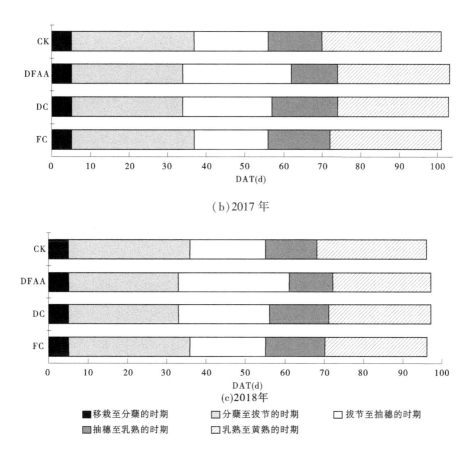

（b）2017 年

（c）2018 年

■ 移栽至分蘖的时期　　　□ 分蘖至拔节的时期　　　□ 拔节至抽穗的时期

■ 抽穗至乳熟的时期　　　□ 乳熟至黄熟的时期

注：DAT 表示移栽后的时间；CK 表示正常组；各生育期表示处理组平均生长时期。

续图 2-4

2.2　观测指标与测定方法

2.2.1　控水方式

　　每天 8:00 和 18:00 测定试验组的每个测桶质量，2 次称桶质量的差值即是当日白天的蒸发量。每天下午称桶质量和次日上午称桶质量之差则为当日夜间蒸发量。早晚称桶质量时需对低于含水率要求的测桶进行灌水，以控制达到对应的受旱程度。达到相应受旱时间后，将旱涝急转组测桶移入淹水池中进行受涝试验。

　　每天 9:00 观察淹水池的水层深度后,灌溉一定的水量使得淹水池的水位能够让最外围的测桶正常淹水。如遇阴雨大气,根据降水大小适时放水,控制淹水池深度以满足受涝试验要求。试验条件示意图见图 2-5。

(a)受旱处理　　　　　　(b)受涝处理　　　　(c)正常条件

图 2-5　试验条件示意图

2.2.2　生理指标测定

　　在晴朗或多云的天气,随机选取生长良好且完全展开的功能叶,采用 CI-340 手持式光合作用测量系统(美国 CID 公司生产)测定对照组、单旱组、旱涝急转组的净光合速率、气孔导度、胞间 CO_2 浓度、叶面温度等气体交换参数,以及气温、相对湿度、光合有效辐射、CO_2 浓度、饱和水汽压差、大气压力等环境因子。测定前预热 15～20 min,预热后进行日常检查,待光合速率、气孔导度等参数稳定后再进行叶片气体交换参数的测定,测定过程中尽量保持叶片原来的状态(位置、角度)。

　　水分胁迫处理开始后,根据天气情况每日测量两次,测定时间为 10:00～11:00 及 14:00～15:00,每隔 5 d 进行 1 次标准日变化测量,测定时间为 8:00～16:00,每隔 2 h 测量一次。

2.2.3　生长指标测定

　　株高为测桶土壤表面测量至水稻植株叶拉直的最高点。对照组、单旱组、单涝组、旱涝急转组水稻生育期内的株高由钢卷尺测量得出,测量精度为 0.1 cm。每个处理组采用随机取样测量,植株不固定,每隔 10～15 d 测定一次。

　　叶面积指数为单位土地面积上植物叶片总面积。对照组、单旱组、单涝组、旱涝急转组水稻生育期内叶面积指数采用 SunScan 无线冠层分析系统(Delta-T Devices Ltd., Cambridge, UK)结合人工测量矫正得出。为减少测量误差,选取晴朗的天气于 12:00 左右进行测定,每个处理重复测定 3 次,每隔 10～15 d 测定一次。

　　根系的健壮发达是作物生长与高产的基础,根系下扎的深度与土壤水分含量有关。对照组、单旱组、单涝组、旱涝急转组水稻生育期内最大根系长度(根深)通过人工测量得出。测量前先将测桶土柱在水中浸泡 30 min,然后取出土体,再放入 0.2 mm² 筛中用自来水冲洗干净,每个处理组每次破坏试验测定一次。

2.2.4　破坏试验测定根、茎、叶、穗干物质量

　　2016~2018 年于水稻拔节期(7 月中下旬开始)分别进行一次旱涝急转,2016 年选取重旱胁迫组(DFAA7~DFAA9,DC7~DC9,FC7~FC9),2017 年选取中旱胁迫组(DFAA4~DFAA6,DC4~DC6,FC4~FC6),2018 年选取轻旱胁迫组(DFAA1~DFAA3,DC1~DC3,FC1~FC3)分别于控水开始、旱期、涝期、复水前期、复水后期、收获期六个阶段进行根、茎、叶、穗的破坏试验。破坏分离后的根、茎、叶、穗放入烘箱设置 105 ℃ 杀青 30 min 后,调至 80 ℃烘干至恒重,随后用电子天平进行称重,精确到 0.01 g。破坏试验各处理组如表 2-2 所示。各处理除控水情况不同外,其他农艺措施都参照当地农耕方式,全生育期严格控制虫害和草害。

表 2-2　水稻拔节期旱涝急转破坏试验设计

处理组	2016 年				2017 年				2018 年			
	含水率	干旱天数(d)	淹水深度	淹水天数(d)	含水率	干旱天数(d)	淹水深度	淹水天数(d)	含水率	干旱天数(d)	淹水深度	淹水天数(d)
DFAA1	70%	5	50%	5	70%	5	50%	5	70%	5	50%	5
DFAA2	70%	10	75%	7	70%	10	75%	7	70%	10	75%	7
DFAA3	70%	15	100%	9	70%	15	100%	9	70%	15	100%	9
DFAA4	60%	5	75%	9	60%	5	75%	9	60%	5	75%	9
DFAA5	60%	10	100%	5	60%	10	100%	5	60%	10	100%	5
DFAA6	60%	15	50%	7	60%	15	50%	7	60%	15	50%	7
DFAA7	50%	5	100%	7	50%	5	100%	7	50%	5	100%	7
DFAA8	50%	10	50%	9	50%	10	50%	9	50%	10	50%	9
DFAA9	50%	15	75%	5	50%	15	75%	5	50%	15	75%	5

续表 2-2

处理组	2016 年				2017 年				2018 年			
	含水率	干旱天数(d)	淹水深度	淹水天数(d)	含水率	干旱天数(d)	淹水深度	淹水天数(d)	含水率	干旱天数(d)	淹水深度	淹水天数(d)
单旱组	70%	5	正常处理		70%	5	正常处理		70%	5	正常处理	
	70%	10	正常处理		70%	10	正常处理		70%	10	正常处理	
	70%	15	正常处理		70%	15	正常处理		70%	15	正常处理	
	60%	5	正常处理		60%	5	正常处理		60%	5	正常处理	
	60%	10	正常处理		60%	10	正常处理		60%	10	正常处理	
	60%	15	正常处理		60%	15	正常处理		60%	15	正常处理	
	50%	5	正常处理		50%	5	正常处理		50%	5	正常处理	
	50%	10	正常处理		50%	10	正常处理		50%	10	正常处理	
	50%	15	正常处理		50%	15	正常处理		50%	15	正常处理	
单涝组	正常处理		50%	5	正常处理		50%	5	正常处理		50%	5
	正常处理		75%	7	正常处理		75%	7	正常处理		75%	7
	正常处理		100%	9	正常处理		100%	9	正常处理		100%	9
	正常处理		75%	9	正常处理		75%	9	正常处理		75%	9
	正常处理		100%	5	正常处理		100%	5	正常处理		100%	5
	正常处理		50%	7	正常处理		50%	7	正常处理		50%	7
	正常处理		100%	7	正常处理		100%	7	正常处理		100%	7
	正常处理		50%	9	正常处理		50%	9	正常处理		50%	9
	正常处理		75%	5	正常处理		75%	5	正常处理		75%	5
正常对照												

注:DFAA 指旱涝急转组;含水率是指土柱中土壤水分的平均值,用称重法来控制;淹水深度是指株高的百分数。因淹水池容积及测桶数量的限制,2016 年选取表中阴影部分(重旱胁迫组)进行破坏试验,2017 年选取表中阴影部分(中旱胁迫组)进行破坏试验,2018 年选取表中阴影部分(轻旱胁迫组)进行破坏试验。

2.2.5　收获期测产

成熟后晒田一周,将每组处理的 3 组重复测桶进行收割,选取天气晴朗的 2 d 晾晒后烘干,然后依次考查每个测桶的穗数、每穗粒数、实粒数、秕粒数、千粒重以及产量。

2.2.6　气象数据

气象数据来自于试验站内农业气象观测场(规格为 25 m×25 m),主要观测内容有降水、蒸发、气温、地温、气压、湿度、日照和风速等。本章采用数据的观测时段为 2016 年 6~10 月,2017 年 6~9 月,2018 年 6~9 月。

2.3　数据处理

2.3.1　旱、涝交互作用的计算

为了比较旱涝急转组相对正常组、单旱组、单涝组对干物质量及产量的损害程度,采用如下公式进行计算:

$$R = (DFAA' - CK')/CK' \tag{2-1}$$
$$R_D = (DFAA' - DC')/DC' \tag{2-2}$$
$$R_F = (DFAA' - FC')/FC' \tag{2-3}$$

式中,R 为旱涝急转组相对于正常组对干物质量或产量的损害程度;R_D 为旱涝急转组相对于单旱组对干物质量或产量的损害程度;R_F 为旱涝急转组相对于单涝组对干物质量或产量的损害程度;DFAA' 为旱涝急转下干物质量或产量指标;CK' 为正常条件下干物质量或产量指标;DC' 为旱胁迫下干物质量或产量指标;FC' 为涝胁迫下干物质量或产量指标。

2.3.2　模型评价指标

依据回归估计标准误法(Root Mean Square Error,RMSE)和相对误差法(Relative Estimation Error,RE)对模型拟合值与实际观测值的符合度进行检验(张明达,2017)。其中,拟合值与实测值的一致性越高则 RMSE 值越小,模型预测准确度越高。当 RE<10% 时,拟合值与实测值一致性非常好;当 RE 为 10%~20% 时,模拟拟合效果较好;当 RE 为 20%~30% 时,模型拟合效果一般;当 RE>30% 时,表明拟合值与实测值偏差大,模拟拟合效果较差(张明达,

2017)。RMSE 和 RE 时的计算公式如下:

$$RMSE = \sqrt{\dfrac{\sum\limits_{i=1}^{N}(OBS_i - SIM_i)^2}{N}} \qquad (2-4)$$

$$RE = RMSE \times \dfrac{100}{Q} \qquad (2-5)$$

式中,OBS_i、SIM_i 和 N 分别为模型实测值、拟合值和样本总数;i 为实测值和拟合值的样本序号;Q 为实测值的平均值。

2.3.3　统计分析

所有的统计分析都是通过 Origin 9.0 和 SPSS 20.0 完成的。

2.4　本章小结

变化水环境下,关于旱后淹涝对产量影响的结论,到底是叠加损伤还是拮抗补偿作用争议较大。已有研究前期旱设置是从自然落干状态开始的,以持续时间划分受旱轻(6 d)、重(10 d)程度,或者以土壤某一含水率作为轻(70%~80%)、重(60%~70%)旱的划分标准;涝处理是以没顶淹没的持续天数作为轻(4 d)、重(8 d)涝的划分标准,或者是以土壤面以上不同水层深度作为轻(15 cm)、重(30 cm)涝的划分指标。显然,旱、涝胁迫程度设置不同是导致减产结果不一致性的主要原因。本章设置了 28 组旱涝急转组合处理,受旱程度 50%~70%田间持水量,受旱持续时间 5~15 d,受涝淹没深度 50%~100%株高,受涝持续时间 5~9 d,结果考虑了长、中、短期的轻、中、重旱与轻、中、重涝组合对产量的影响。

同时,已有研究关于破坏期干物质的取样试验均设置在旱涝急转排涝结束后,忽略了前期干旱与后期淹涝胁迫对干物质积累与分配的交互作用,且多采用单因素试验方法,旱、涝设置水平较少,试验结果不一致。基于此,研究设置了旱涝急转组与单一旱、涝组同期对比破坏试验,测量了不同旱、涝处理阶段水稻总干物质量,根、茎、叶、穗各部分干物质量数据。

第 3 章　变化水环境对水稻
产量及产量构成的影响

　　我国是世界上种稻第一大国,稻田面积达 3 260 万 hm²(4.89 亿亩),水稻面积及水稻总产量分别占世界的 22.7% 及 37.0%,在各国中均占第一位。水稻是我国的主要粮食作物,约占全国粮食总产量的 42%,稻田面积占全国粮食作物面积的 29%(彭友林等,2019;徐涌,2004)。水稻生长与土壤水分含量关系密切。土壤水分供应不足,会引起植物细胞原生质脱水,叶片水势下降,植株生长受到抑制;土壤中水分含量过多,会使根系吸水困难,造成作物"生理干旱",如同缺水对作物的反应,也会造成减产。受亚热带季风气候影响,2011 年以来淮北平原地区发生了多次严重的"旱涝急转"自然灾害,该地区水稻生长期与雨季重合,易使前期处于干旱胁迫状态的水稻快速转入涝胁迫。因此,探索变化水环境下水稻减产规律,对于制订合理减灾措施具有重要的现实意义。基于此,研究组于 2016~2018 年设置了 28 组不同旱涝组合形式,分析旱涝急转与极端旱涝减产规律的差异,量化先期旱与后期涝的补偿、削减作用,明确旱涝急转胁迫对产量构成因素的影响。本章从三个方面探讨了水稻产量对旱涝急转的响应过程:①旱涝急转条件下水稻的减产规律;②涝胁迫对水稻受旱减产规律的影响;③旱胁迫对水稻淹涝减产规律的影响。

　　研究采用 L₉(3⁴) 组不同程度和持续时间的旱涝组合的正交处理,对 2016~2018 年观测的水稻产量及产量构成试验数据进行方差分析和极差分析,产量构成因素主要包括每桶穗数、每穗粒数、总粒数、千粒重、结实率。方差分析是为了找出不同旱涝程度及持续天数的排列组合方式对产量的影响,即为了得到产量及产量构成因素受何种旱涝指标变化的影响显著。极差分析是为了得到旱涝指标具体如何变化对产量及产量构成因素的影响较大,进一步通过趋势图预测得到旱涝急转胁迫发生在前期受旱 50%~70% 田间持水量,维持 5~15 d,后期转涝 50%~100% 淹水,维持 5~9 d 范围内,哪种旱涝组合对产量、每桶穗数、每穗粒数、总粒数、千粒重、结实率的影响最小。

　　2016~2018 年,正交试验并未考虑旱、涝交互作用,因此补充了与旱涝急转组前期干旱和后期淹涝设置相同的单旱组和单涝组,具体分析了每一种旱涝组合下前期干旱与后期淹涝的补偿或削减作用。旱、涝交互作用计算公式见式(2-1)~式(2-3)。使用 SPSS22.0 统计分析软件对试验结果进行统计分析,不同旱涝胁迫处理结果的差异性通过显著水平为 0.05 的方差分析进行检验。

本章部分图片电子资源:

3.1 与正常组相比时旱涝急转条件下
水稻的减产规律

从图 3-1~图 3-6 可以看到,整体来说,2016~2018 年旱涝急转组产量低于正常组(除 2016 年 DFAA6 略高于正常组),介于单旱组、单涝组之间(2016 年 DFAA4~DFAA6 组未测量对应单旱组、单涝组)。从图 3-7 可知,旱涝急转组产量均低于正常组,2016 年平均减产 12.98%,2017 年平均减产 29.94%,2018 年平均减产 39.27%。三年 DFAA7 减产最为严重,减产率分别为 29.70%、43.13% 和69.18%,均发生中度减产,说明重旱重涝组合对产量最为不利。2016~2018 年旱涝急转组产量减少的主要原因是每穗粒数和总粒数的减少。

由图 3-7 可以看出,2016~2018 年旱涝急转组的总粒数均低于正常组,总粒数每年的平均减少率分别为 18.84%、17.82% 和 34.91%,说明旱涝急转对总粒数表现为削减作用。旱涝急转组穗数表现出年际差异性,2016 年平均增加 8.56%,2017年平均增加 7.77%,2018 年平均减少 5.87%,其中 2016 年、2017 年前期长历时受旱(DFAA3、DFAA6、DFAA9)的成穗率更高,相对于正常组分别增加 12.39%、25%、23.42%。三年旱涝急转组相比正常组每穗粒数均有减少,2016 年平均减少20.44%,2017 年平均减少 23.51%,2018 年平均减少 31.13%,其中 2016 年、2017年前期长历时受旱(DFAA3、DFAA6、DFAAA9)减少最多,原因与穗数增加有关,已有研究证明穗数与每穗粒数有明显的负相关关系(Bhatia et al.,2017;Gravois et al.,1993,1992)。此外,三年后期重度淹涝(DFAA5、DFAA7)分别减少 24.16% 和33.84%,说明后期完全淹没对每穗粒数也有较大损害。

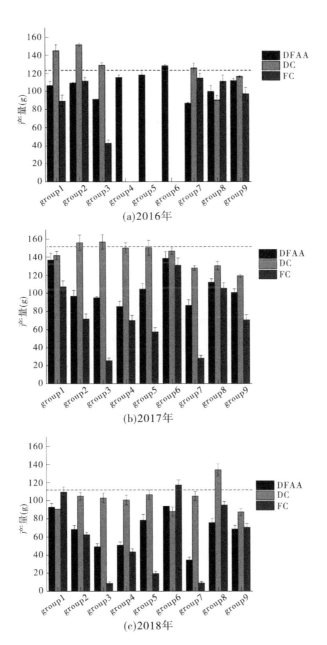

(a)2016年

(b)2017年

(c)2018年

注：group1 表示 DFAA1、DC1 和 FC1；group2 表示 DFAA2、DC2 和
FC2；…；group9 表示 DFAA9、DC9 和 FC9；虚线表示正常组。

图 3-1　旱涝急转、单旱、单涝、正常条件下水稻产量的比较

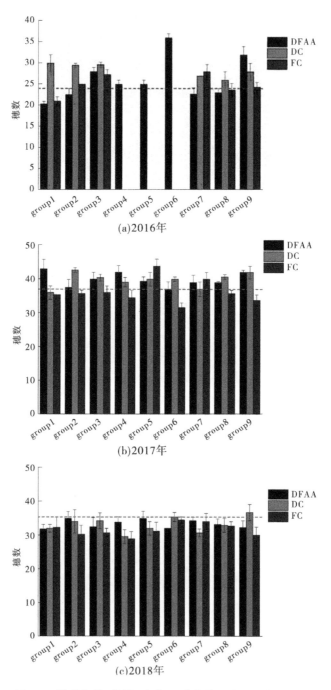

(a)2016年

(b)2017年

(c)2018年

图 3-2　旱涝急转、单旱、单涝、正常条件下水稻穗数的比较

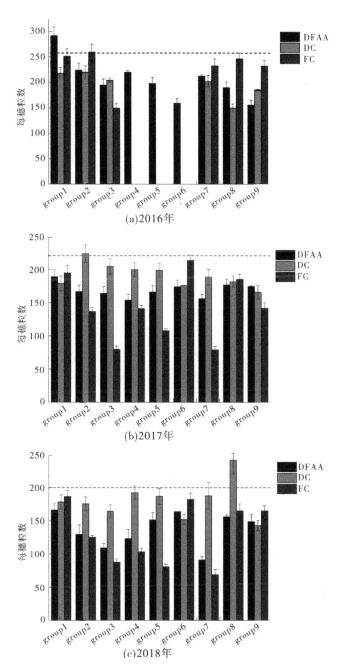

图 3-3　旱涝急转、单旱、单涝、正常条件下水稻每穗粒数的比较

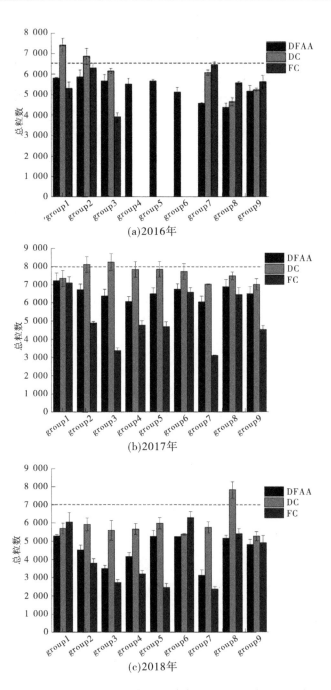

图 3-4 旱涝急转、单旱、单涝、正常条件下水稻总粒数的比较

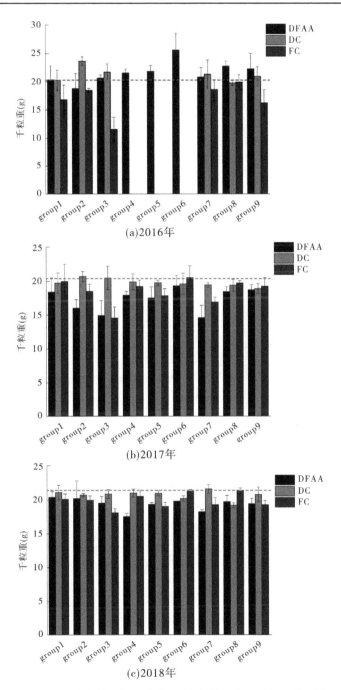

图 3-5　旱涝急转、单旱、单涝、正常条件下水稻千粒重的比较

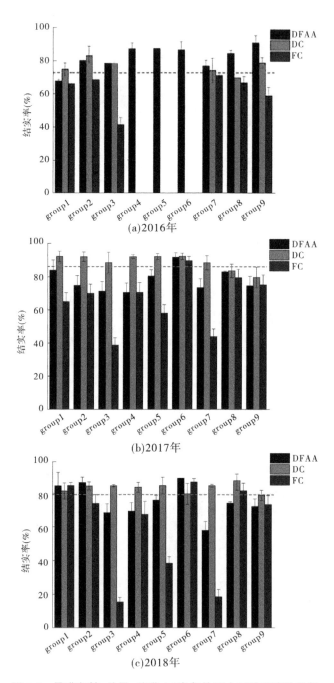

图 3-6　旱涝急转、单旱、单涝、正常条件下水稻结实率的比较

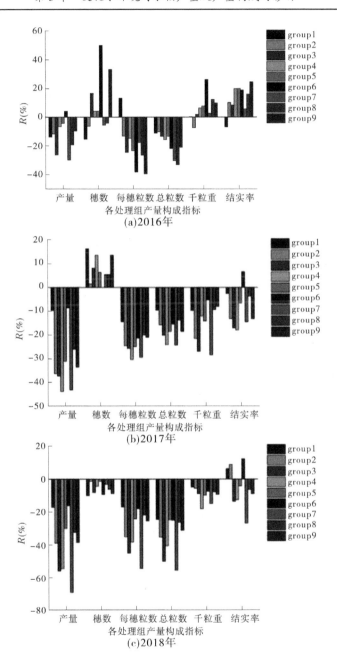

图 3-7   旱涝急转组相对于正常组的损害程度

为了分析不同旱涝程度及持续天数的排列组合方式对产量的影响,对2016~2018 年产量数据进行了方差分析。由表 3-1 可知,2016~2018 年产量受到旱、涝的共同作用,三年每穗粒数、总粒数、结实率受涝程度变化的影响显著。2016 年,拔节期发生旱涝急转,穗数、每穗粒数、总粒数、结实率受到旱、涝的共同作用,千粒重则更偏向于旱胁迫的影响;2017 年拔节期遭遇旱涝急转,后期涝胁迫的作用掩盖了前期旱胁迫的作用,除了穗数,受涝程度对每穗粒数、总粒数、千粒重、结实率影响显著;2018 年除穗数、千粒重受旱、涝胁迫影响不大外,其他产量构成因素均受旱、涝的共同影响。2016~2018 年,旱涝急转发生于同一生育期且旱涝水平设置相同,区别在于 2017~2018 年旱涝急转(轻、中旱组)涝胁迫开始时间晚于 2016 年,说明旱涝急转涝胁迫发生于拔节期中后期,涝对产量构成因素的影响将大于旱的作用。

表 3-1　旱、涝胁迫对产量及产量构成影响的差异性分析

项目		产量	穗数	每穗粒数	总粒数	千粒重	结实率
2016 年	旱程度	＊＊	＊＊	＊＊	＊＊	＊	＊＊
	旱时间	＊＊	＊＊	＊＊	NS	NS	＊＊
	涝程度	＊＊	NS	＊	＊＊	NS	＊＊
	涝时间	＊＊	＊	＊	＊＊	NS	NS
2017 年	旱程度	＊＊	NS	NS	NS	NS	NS
	旱时间	＊	＊	NS	NS	NS	NS
	涝程度	＊＊	NS	＊＊	＊＊	＊＊	＊＊
	涝时间	＊＊	＊＊	＊	NS	NS	NS
2018 年	旱程度	＊＊	NS	＊	＊＊	NS	＊＊
	旱时间	＊＊	NS	＊＊	＊＊	NS	＊＊
	涝程度	＊＊	NS	＊＊	＊＊	NS	＊＊
	涝时间	＊＊	NS	＊＊	＊＊	NS	＊＊

注:＊＊代表极显著水平 $p<0.01$;＊代表显著水平 $0.01<p<0.05$。

从图 3-8 和表 3-2(表中加粗数据表示主要影响因素)可知,2016 年旱、涝程度的变化对产量的影响较大,2017 年、2018 年涝程度和涝时间的变化对产量的影响较大。穗数 2016 年受旱胁迫的影响,2017 年、2018 年受旱、涝胁迫的共同影响。粒数 2016 年受旱胁迫的影响,2017 年、2018 年受涝胁迫的影

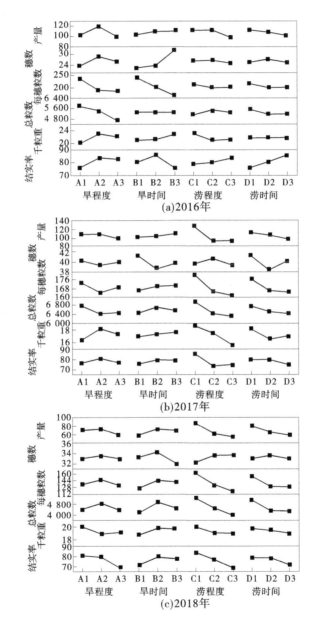

注:A 表示 70%、60%、50%田间持水量;B 表示受旱 5 d、10 d、15 d;
C 表示 50%、75%、100%株高淹没水深;D 表示受涝 5 d、10 d、15 d。

图 3-8　旱涝程度、时间的极差分析

响。总粒数、千粒重和结实率三年受旱、涝胁迫的共同影响。极差分析结果说明旱涝急转组涝胁迫开始时间晚(2017年、2018年),涝对产量及产量构成的影响将大于旱的作用。

表 3-2　旱、涝胁迫对产量及产量构成影响的极差分析

项目		产量	穗数	每穗粒数	总粒数	千粒重	结实率
2016年	旱程度	**21.293**	**5**	**50.667**	**1 078.667**	**3.073**	8.006
	旱时间	7.5	**9.333**	**71.667**	18.334	1.947	**9.66**
	涝程度	**13.346**	1.334	13.667	**419.333**	**2.03**	4.793
	涝时间	10.003	2	16.666	367	0.26	**9.916**
2017年	旱程度	9.713	1	8.666	**335**	**1.81**	4.274
	旱时间	8.636	**2.666**	4.667	263	0.666	3.334
	涝程度	**34.773**	1.334	**18**	**641**	**3.056**	**12.82**
	涝时间	**16.514**	**3**	**11.667**	298.666	1.577	**5.03**
2018年	旱程度	14.737	0.667	9.333	525.334	**0.773**	**7.83**
	旱时间	14.596	**2.333**	12.333	797	**0.7**	5.644
	涝程度	**33.31**	**1.334**	**29.667**	**1 268.666**	0.647	**10.19**
	涝时间	21.294	0.667	**18.334**	**849.333**	0.514	4.793

注:加粗字体对应主要影响因素。

水稻的粒数和粒重是影响产量的主要因素。从表 3-3 可知,长期非重旱胁迫(10 d/15 d)与短期非重涝胁迫(5 d)的组合对 2016 年产量和总粒数的影响最小,对 2017~2018 年产量,每穗粒数和千粒重的影响最小。

表 3-3　水稻产量及产量构成影响最小的旱涝组合

项目		产量	穗数	每穗粒数	总粒数	千粒重	结实率
2016年	旱程度(%)	60	60	60	70	60	60
	旱时间(d)	**15**	15	5	**15**	15	10
	涝程度(%)	75	75	50	75	50	100
	涝时间(d)	**5**	10	5	**5**	10	15

续表 3-3

项目		产量	穗数	每穗粒数	总粒数	千粒重	结实率
2017 年	旱程度(%)	70	70	70	70	60	60
	旱时间(d)	**15**	5	15	**10**	**15**	10
	涝程度(%)	50	75	50	50	50	50
	涝时间(d)	**5**	5	5	**5**	**5**	7
2018 年	旱程度(%)	60	60	60	60	70	70
	旱时间(d)	**10**	10	10	**10**	**10**	10
	涝程度(%)	50	75	50	50	50	50
	涝时间(d)	**5**	7	5	**5**	**5**	7

注:加粗字体对应主要影响因素。

已有的多数研究表明,拔节期发生旱涝急转减产率为 20%~50%,不同的试验设置,结果具有差异性。本章将旱涝的范围设置在前期受旱 50%~70% 田间持水量,维持 5~15 d,后期转涝 50%~100% 淹水,维持 5~9 d,进行了 $L_9(3^4)$ 组正交试验处理,得到在不同旱涝组合下三年平均减产范围 6.90% (DFAA6)~47.34%(DFAA7),减产幅度与前人的研究结果不同。前人的研究结果表明,拔节期发生旱涝急转产量普遍减少,本章研究亦表明,拔节期不同旱涝急转组合的正交处理大部分表现出减产效应,但同时也可以看到 2016 年 DFAA6 处理组是增产效应,原因与穗数的大量增加有关(穗数增加 50%),而且前人的研究结果普遍是 1 年的试验资料,本章研究于 2016~2018 年做了 3 年的重复试验,试验结果表明旱涝急转组与正常组相比,表现出很大的年际差异性,说明产量不仅与旱涝程度及其持续时间有关,而且受到不同年份气象(主要是湿度和水汽压)等多方面因素的影响(见图 2-1)。

从产量构成来看,已有研究有的认为产量下降的主要原因是有效穗数和每穗粒数减少所致,也有认为还与结实率降低有关。本章研究认为每穗粒数与总粒数的减少是产量减少的主要影响因素。与已有研究成果不同,本章研究结果表明,结实率与千粒重具有年际差异性,2016 年增加,2017 年、2018 年则减少,并且与正常组相比,2016 年穗数平均增加 8.56%,2017 年穗数平均增加 7.77%,2018 年穗数平均减少 5.87%。

3.2　后期涝胁迫对前期受旱水稻减产规律的影响

后期涝胁迫处理削减了前期受旱条件下的总粒数。由图 3-9 可知,2016~

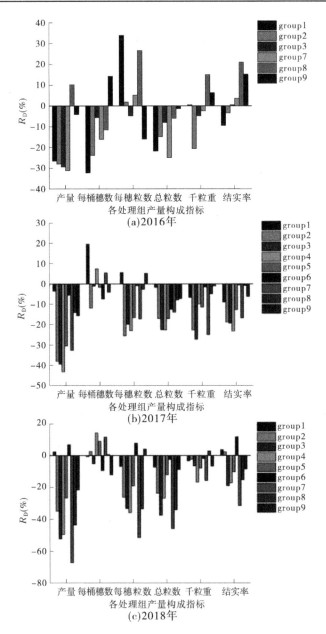

注:group1 表示 DFAA1 和 DC1;group2 表示 DFAA2 和 DC2;…;group9
表示 DFAA9 和 DC9;产量及产量构成采用 3 个重复组的平均值。

图 3-9　旱涝急转组相对于单旱组的损害程度

2018年拔节期发生旱涝急转,总粒数各处理值均低于单旱组,原因是淹涝条件下水下光强不足,O_2、CO_2等气体扩散率受阻,光合速率减小,同化产物在营养器官和籽粒之间的分配比例发生改变,从而使总颖花数的形成受到抑制,总粒数降低。

后期涝抵消了前期轻旱(DC1、DC2、DC3)的增产作用,加重了前期中旱和重旱的减产作用,2016~2018年表现出同样的产量变化规律,但产量构成要素方面却表现出年际差异,2017年、2018年后期涝胁迫对水稻前期受旱影响主要是每穗粒数、总粒数、千粒重和结实率方面均表现出削减作用,而2016年只表现在总粒数和每桶穗数的削减作用。

已有关于后期涝胁迫对前期受旱水稻减产规律的影响研究得到的结论并不一致。多数认为后期涝胁迫加重了前期受旱条件下的产量损失,对于超级杂交稻幼穗分化期发生旱涝急转,无论是早稻还是晚稻,旱涝急转组的减产结果总是大于单旱组(邓艳等,2017;熊强强等,2017a,2017c)。Dickin等(2008)研究了先涝后旱的情况,以冬小麦为典型作物,得到同样的结论,认为冬涝增加了冬小麦夏旱期间减产的损失。但是Canell等(1984)的研究结果与上述结果相反,认为冬涝没有增加冬小麦夏旱期间减产的风险,相悖的原因除与试验中旱涝条件设置及旱涝急转发生时期的不同有关外,而且受到气象、土壤、作物生育期不同的影响。本章研究结果表明后期涝胁迫削减了干旱条件下的产量。与单旱组对比,三年的平均减产率分别为18.15%、24.70%和31.81%。

从产量构成来看,已有研究认为有效穗数、每穗粒数、结实率的减少是减产的主要原因。本节研究结果表明后期涝胁迫减少了受旱期的总粒数导致了水稻减产。

3.3　前期旱胁迫对后期淹涝水稻减产规律的影响

前期不同程度干旱处理几乎都增加了后期淹涝条件下的结实率。结实率由源的能力、颖花吸收碳水化合物的能力和运移效率决定。淹涝胁迫会导致空颖、穗不实,颖花灌浆不良,严重降低结实率(Dar et al.,2013;Singh et al.,2009)。由图3-10可知,2016~2018年拔节期发生旱涝急转,结实率各处理组值均高于单涝组,说明前期干旱使茎鞘非结构性碳水化合物(NSC)积累增加,后期淹涝致使可育颖花数减少,因此结实率增加。

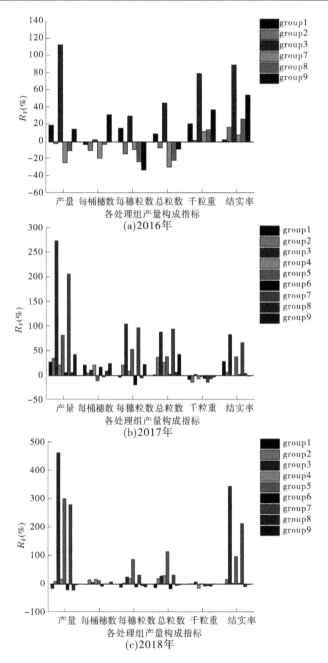

注:group1 表示 DFAA1 和 FC1;group2 表示 DFAA2 和 FC2;…;group9
表示 DFAA9 和 FC9;产量及产量构成采用 3 个重复组的平均值。

图 3-10　旱涝急转组相对于单涝组的损害程度

前期旱胁迫能否提高后期水稻耐涝能力与产量受旱涝程度及其持续时间、气象条件(见图 2-1)多方面的因素影响。2016~2018 年大部分旱涝急转组产量高于单涝组,2017 年、2018 年前期不同程度干旱处理几乎都增加了后期淹涝条件下的产量,后期重涝条件下(DFAA3、DFAA5、DFAA7)的补偿作用更加明显,产量补偿率分别为 368.51%、191.57%、243.10%。从图 3-10(b)、(c)可知,2017 年、2018 年耐涝能力的提高主要是提高了每穗粒数、总粒数、结实率。DFAA3 相对于 FC3 每穗粒数、总粒数、结实率两年平均提高 65.02%、53.96%、214.04%;DFAA5 相对于 FC5 每穗粒数、总粒数、结实率两年平均提高 70.43%、76.90%、67.86%;DFAA7 相对于 FC7 每穗粒数、总粒数、结实率两年平均提高 64.53%、63.33%、140.40%。这说明前期旱胁迫可以提高水稻后期的耐涝能力,特别是可以有效提高水稻对抗重度淹涝(没顶淹没)的能力。

前期 15 d 轻旱(70%田间持水量)可以有效提高水稻对抗重度淹涝(没顶淹没)的能力,由图 3-10 可知,DFAA3 相对于 FC3 每桶穗数、每穗粒数、总粒数、千粒重和结实率三年平均提高 6.45%、53.35%、54.19%、30.09%、172.57%,三年产量补偿率分别为 112.96%、274.05%和 462.97%,说明前期长历时轻旱胁迫促使水稻新生白根形成发达的通气组织,通气组织形成早可为后期涝胁迫产生有利影响(Subere et al.,2009;Zhang et al.,2009)。

已有研究认为旱涝急转前期干旱与后期淹涝存在叠加减产效应,邓艳等(2017)的研究结果表明超级杂交早稻幼穗分化期单一受涝减产 16.92%,旱涝急转减产 37.31%,前期干旱加重了淹涝条件下的产量损失。熊强强等(2017c)设置了轻涝、重涝、重旱转轻涝、重旱转重涝、轻旱转轻涝、轻旱转重涝多种旱涝水平处理,结果表明早稻分别减产 8.33%、12.04%、19.65%、31.23%、15.39%、17.29%,晚稻分别减产 7.77%、11.53%、17.40%、20.85%、13.46%、11.70%,无论是早稻还是晚稻,旱涝急转处理减产率总是大于单涝,说明前期遭受严重干旱不仅影响其产量的形成,还会显著降低其耐涝能力。本节研究结果与现有成果不同,与单涝组对比,三年的平均补偿率分别为 18.47%、78.07%和 112.45%,说明旱涝急转前期旱胁迫减轻了淹涝条件下的产量损失,提高了后期的耐涝力。与现有成果不同的原因主要是试验设置以及旱涝急转发生时期的不同。

从产量构成来看,已有研究认为有效穗数、每穗粒数、结实率的减少是减产的主要原因。本节研究认为前期旱胁迫对后期涝胁迫水稻产量的减灾拮抗效应主要是提高了每穗粒数、总粒数和结实率,并且前期 15 d 轻旱条件每桶穗数、每穗粒数、总粒数、千粒重和结实率均有提高。

3.4 本章小结

旱涝急转变化水环境条件与正常组对比产量减少,2016 年平均减产 12.98%,2017 年平均减产 29.94%,2018 年平均减产 39.27%,产量减少的主要原因是每穗粒数和总粒数的减少。重旱重涝组合对产量最为不利。通过方差分析与极差分析得到,2016 年旱、涝程度的变化对产量的影响较大,2017 年、2018 年涝程度和涝时间的变化对产量的影响较大。穗数 2016 年受旱胁迫的影响,2017 年、2018 年受旱、涝胁迫的共同影响。粒数 2016 年受旱胁迫的影响,2017 年、2018 年受涝胁迫的影响。总粒数、千粒重和结实率三年受旱、涝胁迫的共同影响。趋势图预测得到对产量影响最小的最优组合并不是单一因素下对产量影响最小水平的简单组合,整体表现为旱涝急转前期受旱为轻、中旱且时间不宜太短,后期受涝为轻、中涝且时间不宜过长。

后期涝胁迫削减了干旱条件下的产量,主要原因是总粒数的减少。前期旱胁迫补偿了淹涝期的产量,主要原因是提高了每穗粒数、总粒数和结实率,并且长期轻旱(DFAA3)提高了每桶穗数、每穗粒数、总粒数、千粒重和结实率。

研究结果对水稻产量在旱涝急转下的防灾减灾对策建议,前期已经发生了轻、中旱胁迫,应尽量避免后期淹涝对水稻的二次损伤;若预测到后期将出现洪涝,并且短时间内田间排水设施无法消除其不利影响,则可提前在水稻拔节中、后期进行旱锻炼以减轻水稻产量损失。

第 4 章　变化水环境下水稻干物质积累与分配的变化特征

水稻籽粒产量取决于总的干物质生产和它向籽粒的分配,因此探究变化水环境下物质积累、分配、运移规律对于分析产量形成机制尤为重要。土壤水分含量的变化会使作物生长周期内不同器官间的协同与竞争关系发生变化。已有研究表明,干旱胁迫和渍水胁迫均会降低植株总干物质量,且干物质向各器官分配的比例也会发生变化,但并不改变植株地上部各器官之间分配比例的高低次序(胡继超等,2004a)。干旱和渍水胁迫对植株地上部和地下部干物质分配的影响相反。干旱胁迫对地上部的影响大于地下部的影响,干物质向根的分配比例升高;而渍水后根系生长受到严重抑制,干物质在地下部的分配比例降低(宣守丽等,2013;唐加红,2011;王旭一等,2011;王艺陶,2009;白慧东,2008;Yang et al.,2002)。目前,将两种胁迫结合起来分析旱涝急转对干物质生产和分配的影响却鲜有报道。水稻在旱涝急转胁迫条件下的干物质积累与分配不同于常规灌溉,与单旱或淹水胁迫也有很大不同,本章于 2016~2018 年设置了旱涝急转组与正常组、单旱组、旱涝组同期对比的破坏试验,测量了不同旱、涝处理阶段水稻总干物质量,根、茎、叶、穗各部分干物质量数据,分析得出旱涝急转下干物质积累的变化特征,以及前期干旱和后期淹涝对干物质在不同器官间分配比例的影响。

2016~2018 年分别观测了正常组(CK)、旱涝急转组(DFAA)及与旱涝急转处理同期的单旱组(DC)和单涝组(FC)在不同时期(旱期、涝期、复水期及收获期)的水稻根、茎、叶、穗的干物质量。使用 Origin9.0 统计分析软件对总干物质量积累与分配的变化特征进行分析。旱、涝交互作用计算见式(2-1)~式(2-3)。

2016~2018 年旱涝急转组不同时期干物质量平均减少率以及各年平均减少率计算见式(4-1)~式(4-4)。单旱组、单涝组平均减少率的计算方法与此相同。

$$\overline{R} = \frac{1}{9}(\overline{R}_{DFAA1} + \cdots + \overline{R}_{DFAA9}) \tag{4-1}$$

$$\overline{R}_{2016} = \frac{1}{9}(\overline{R}_{DFAA7} + \overline{R}_{DFAA8} + \overline{R}_{DFAA9}) \tag{4-2}$$

$$\bar{R}_{2017} = \frac{1}{9}(\bar{R}_{DFAA4} + \bar{R}_{DFAA5} + \bar{R}_{DFAA6}) \tag{4-3}$$

$$\bar{R}_{2018} = \frac{1}{9}(\bar{R}_{DFAA1} + \bar{R}_{DFAA2} + \bar{R}_{DFAA3}) \tag{4-4}$$

式中,$\bar{R}$ 为 2016~2018 年旱涝急转组不同时期干物质量平均减少率;$\bar{R}_{2016}$、$\bar{R}_{2017}$、$\bar{R}_{2018}$ 分别为各年平均减少率;$\bar{R}_{DFAA1} \sim \bar{R}_{DFAA9}$ 为 DFAA1~DFAA9 组不同时期减少率的平均值。

通常采用分配指数和分配系数的方法计算干物质分配。某发育阶段内新增干物质在各器官中的分配比例为分配系数,某一发育时期器官生物量占植株总生物量的比例为分配指数(张建华,2013)。本节研究中,考虑到样本长势可能存在一定程度的差异,采用分配指数计算不同水分处理、不同时期干物质分配的动态变化[见式(4-5)]。而干物质在籽粒和营养器官间的分配通过收获指数来计量[见式(4-6)]。

$$\left.\begin{aligned}
PI[shoot] &= \frac{DM[shoot]}{DM[shoot] + DM[root]} \\
PI[root] &= 1 - PI[shoot] \\
PI[leaf] &= \frac{DM[leaf]}{DM[shoot]} \\
PI[stem] &= \frac{DM[stem]}{DM[shoot]} \\
PI[panicle] &= \frac{DM[panicle]}{DM[shoot]}
\end{aligned}\right\} \tag{4-5}$$

$$HI = \frac{Y}{DM[shoot]} \tag{4-6}$$

式中,PI[shoot]、PI[root]、PI[leaf]、PI[stem]、PI[panicle]分别为地上部分、根、叶、茎、穗的分配指数;DM[shoot]、DM[root]、DM[leaf]、DM[stem]、DM[panicle]分别为地上部分、根、叶、茎、穗的干物质量;HI 为收获指数;Y 为产量。

本章部分图片电子资源:

4.1　旱涝急转下总干物质及各器官干物质积累的变化特征

4.1.1　旱涝急转下总干物质积累的变化特征

从图 4-1 可以看到,正常组以及旱涝急转组均表现出随水稻生育期的进展总干物质量呈现单调递增的规律,并且随含水率的不同表现出年际差异性,整体表现为:2016 年(重旱)>2017 年(中旱)>2018 年(轻旱)。2016~2018 年旱涝急转组总干物质积累在不同旱涝处理阶段均低于正常组,说明旱涝急转对总干物质的积累不利。3 年旱涝急转组不同时期平均减少率为 21.88%,其中 2016 年(重旱)为 27.45%,2017 年(中旱)为 20.32%,2018 年(轻旱)为 17.86%。

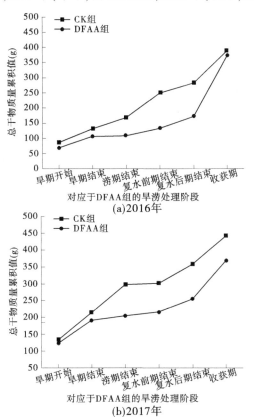

注:图中各点分别代表各水分处理组的平均值。其中,总干物质包括根、茎、叶、穗。

图 4-1　2016~2018 年不同水分处理下总干物质积累过程

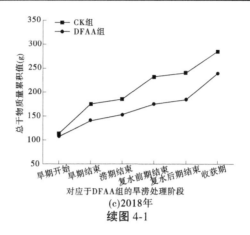

(c)2018年

续图 4-1

由图 4-2 可知,各处理组 DFAA7 不同时期总干物质减少最为严重,平均减少率为 37.78%,在复水前期及复水后期甚至超过了 50%。说明重旱重涝组合对总干物质的积累最为不利。由图 4-2~图 4-5 可以看出,2016~2018 年旱涝急转组总干物质减少的主要原因是旱、涝当期削减了茎秆干物质积累(平均减少率 17.63%),复水后抑制了穗干物质积累(平均减少率 43.58%)。

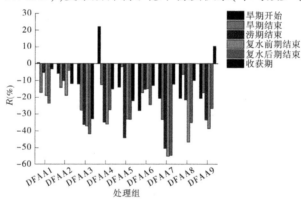

图 4-2　2016~2018 年总干物质积累相对于正常组的损害程度

已有研究表明,拔节期发生旱涝急转干物质积累减少率在 10%(轻旱+涝)~35%(重旱重涝)。不同的试验设置,结果均符合这一规律(王振昌, 2016)。本节研究亦表明,拔节期发生旱涝急转,总干物质量均发生减少,平均减少率为 21.88%,减少范围 10.86%~37.78%,减少幅度与前人的研究结果接近。但同时也可以看到,在 9 组不同旱涝组合梯度下轻旱轻、中涝(DFAA1、DFAA2)减产率最小,重旱重涝(DFAA7)减产率最大,结果更加细化了不同旱涝组合对干物质积累的影响。另外,前人的研究结果普遍是在旱涝处理结束后进行破坏取样得到的,本研究分别于旱期开始、旱期结束、涝期结束、复水前期结束、复水后期结束、收获期分5个时期进行破坏取样,试验数据记录了旱涝急转下作物生长周期内干物质积累完整的变化过程。试验结果表明旱涝急转组与正常组相比,不同旱涝阶段干物质积累均减少,其中DFAA7在涝期结束至复水期结束阶段,减少率超过50%。总干物质量减少的主要原因可能是旱、涝当期削减了茎秆干物质积累(平均减少率17.63%),复水后抑制了穗干物质积累(平均减少率43.58%)。

4.1.2　旱涝急转下根干物质积累的变化特征

从图4-3可知,正常组及旱涝急转组大致表现出随水稻生育期的进展根干物质量呈现先增后减的规律,各年峰值表现出年际性差异。其中,2016年正常组根干物质量峰值不明显,推测原因可能与气象(见图2-1)因素有关,2016年环境水分(湿度和水汽压差)含量较高可能更有利于根系的平稳生长。旱涝急转组与正常组间的差异性整体表现为:2016年(重旱)及2017年(中旱)均高于2018年(轻旱)。2016~2018年旱涝急转组的根干物质积累在前期受旱阶段高于正常组,其他阶段均低于正常组,说明前期干旱虽然提高了干物质向根系的分配比例,但由于后期淹涝作用,根系的生长受到抑制。3年旱涝急转组的根干物质平均减少率为5.28%,其中2016年(重旱)减少10.77%,2017年(中旱)减少16.87%,2018年(轻旱)增加11.81%。从图4-4可以看到,处理组DFAA1~DFAA3根干物质均有增加,增长率分别为14.86%、14.76%、5.80%,说明前期轻旱更有利于根系的生长。

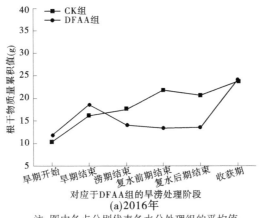

注:图中各点分别代表各水分处理组的平均值。

图4-3　2016~2018年不同水分处理下根干物质积累过程

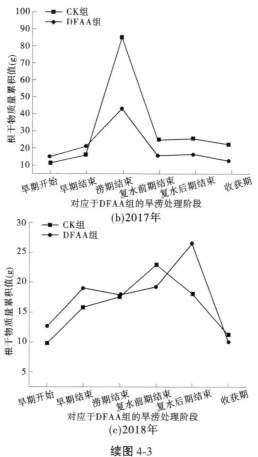

(b)2017年

(c)2018年

续图 4-3

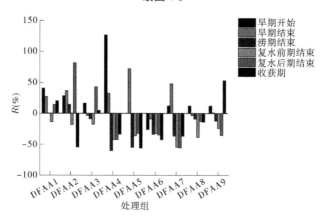

图 4-4 2016~2018 年根干物质积累相对于正常组的损害程度

4.1.3　旱涝急转下茎干物质积累的变化特征

从图 4-5 可以看到,2016~2018 年正常组大致表现为随水稻生育期的进展茎干物质量先增加后趋于平稳甚至略有下降的趋势,3 年旱涝急转组茎干物质积累在旱期、涝期以及复水期均低于正常组,在收获期接近[2016~2017年(中、重旱)]并略高于[2018 年(轻旱)]正常组,整体呈现递增趋势。说明旱涝当期会降低茎干物质积累,旱涝急转组收获期茎干物质增加可能是受到涝后效作用的影响。2016~2018 年旱涝急转组的茎干物质均低于正常组,平均减少率为 17.63%,其中 2016 年(重旱)27.19%,2017 年(中旱)17.64%,2018 年(轻旱)8.05%。

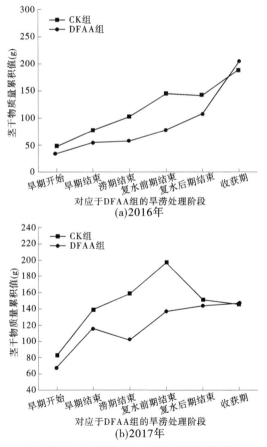

注:图中各点分别代表各水分处理组的平均值。

图 4-5　2016~2018 年不同水分处理下茎干物质积累过程

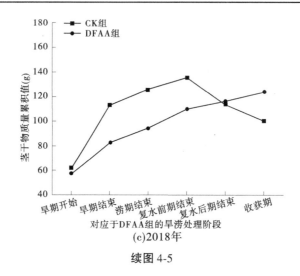

(c)2018年

续图 4-5

由图 4-6 可知,各处理组 DFAA7 茎干物质减少最为严重,平均减少率为 39.07%,在涝期及复水前期均超过 50%。说明重旱重涝组合对茎干物质的积累最为不利。

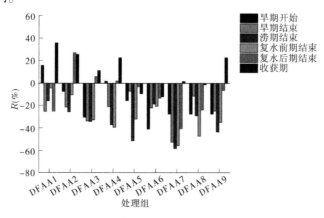

图 4-6　2016~2018 年茎干物质积累相对于正常组的损害程度

已有研究认为总干物质的下降与茎鞘干物质减少有关,茎鞘贮藏物质的输出率和向籽粒的转化率下降会导致收获指数的减少(王振昌等,2016)。熊强强等(2017c)和郭相平等(2015a)同样认为旱涝急转减少了水稻茎累积量。本节研究结果表明,不同的旱涝组合对茎秆干物质积累呈现一致的削减作用,其中重旱重涝组(DFAA7)在涝期及复水前期减少率超过 50%。

4.1.4　旱涝急转下叶干物质积累的变化特征

从图 4-7 可以看出,2016～2018 年正常组和旱涝急转组大致表现为随水稻生育期的进展叶干物质量呈现先增后减的生长趋势,不同年份峰值出现的时间不同。2016 年(重旱)及 2018 年(轻旱)旱期旱涝急转组低于正常组,且2018 年(轻旱)由旱转涝后旱涝急转组高于正常组而后又低于正常组,随生育期进程呈波动趋势,说明受旱会抑制地上叶干物质量的增长,旱后复水或受涝会使叶干物质量发生反弹。2017 年(中旱)则与此相反,在不同旱涝时期旱涝急转组均高于正常组,表现出很大的年际差异性。3年旱涝急转组的叶干物

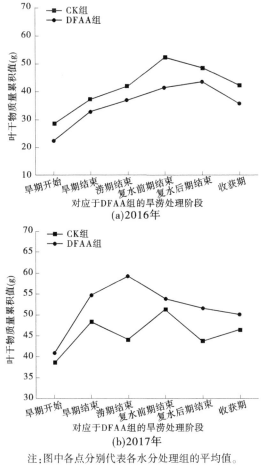

(a)2016年

(b)2017年

注:图中各点分别代表各水分处理组的平均值。

图 4-7　2016～2018 年不同水分处理下叶干物质积累过程

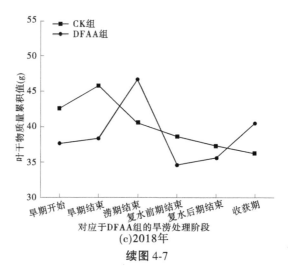

对应于DFAA组的旱涝处理阶段
(c)2018年
续图 4-7

质的均值与正常组接近,平均减少率为 1.31%,其中 2016 年(重旱)减少 15.29%,2017 年(中旱)增加 14.05%,2018 年(轻旱)减少 2.68%。

由图 4-8 可知,各处理组 DFAA7 叶干物质减少最为严重,平均减少率为 26.21%,不同旱涝时期减少率均超过 20%。说明重旱重涝组合对叶干物质的积累最为不利。

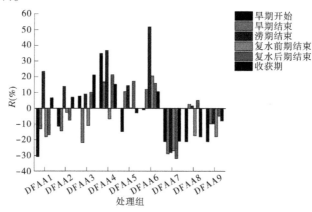

图 4-8　2016~2018 年叶干物质积累相对于正常组的损害程度

已有研究认为旱涝急转对叶片生长产生不利影响,叶片干物质的减小导致水稻的生长发育受到抑制,导致产量的减少(熊强强等,2017b)。郭相平等(2015b)研究结论与此相同,认为旱涝急转减少了叶光合同化物的生长。本节研究结果表明,旱涝急转下叶片干物质积累存在年际差异性,其中重旱重涝组(DFAA7)在不同旱涝时期均减少了叶片干物质积累,减少率均超过20%。

4.1.5 旱涝急转下穗干物质积累的变化特征

从图4-9可知,2016~2018年正常组和旱涝急转组表现为随水稻生育期的进展穗干物质量呈现快速增长趋势,旱涝急转组低于正常组。2016年(重旱)与正常组间的差异明显高于2017年(中旱)、2018年(轻旱),说明前期重旱转涝对穗积累不利,并且2018年(轻旱)穗形成期旱涝急转组略早于正常组,说明前期轻旱可以促进稻穗提前灌浆。

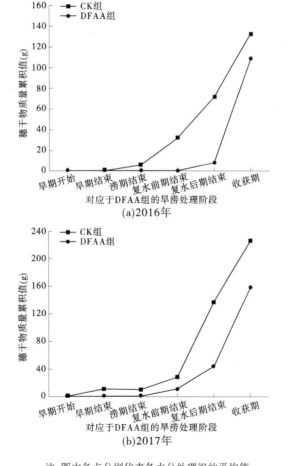

注:图中各点分别代表各水分处理组的平均值。

图4-9 2016~2018年不同水分处理下穗干物质积累过程

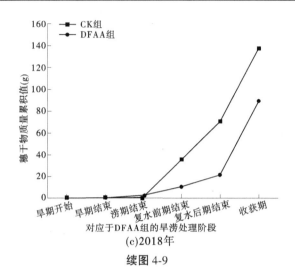

(c)2018年

续图 4-9

由图 4-10 可以看到,2016～2018 年旱涝急转组(除 DFAA2)的穗干物质量均低于正常组,平均减少率为 43.58%,其中 2016 年(重旱)减少 76.64%,2017 年(中旱)减少 71.96%,2018 年(轻旱)增加 17.87%(原因是 DFAA2 旱涝急转当期穗重形成早于正常组,因此有较大增长)。DFAA3、DFAA5、DFAA7 穗干物质减少最为严重,减少率分别为 84.82%、82.72%、80.61%。说明后期没顶淹涝对穗干物质的积累最为不利。

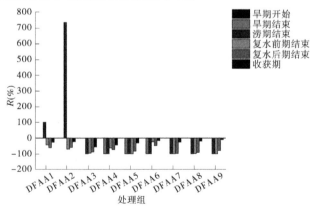

图 4-10 2016～2018 年穗干物质积累相对于正常组的损害程度

已有研究结论表明,早、晚稻前期重旱后期急转重涝的处理对水稻成熟期穗部干物质量及总干物质量的影响最大,重旱重涝急转表现为叠加损伤效应(熊强强等,2017b,2017c)。本节研究亦表明,不同的旱涝组合对穗重具有削减作用,其中后期重涝(DFAA3、DFAA5、DFAA7)会严重抑制穗干物质的积累。

4.2 前期干旱和后期淹涝对干物质积累的影响

4.2.1 后期涝胁迫对前期受旱水稻干物质积累的影响

后期涝胁迫处理几乎都削减了前期受旱条件下的总干物质。由图 4-11(a)可知,各处理组在不同旱涝阶段相对于单旱组平均削减 9.25%,DFAA3 各阶段均低于单旱组,平均削减 34.91%,损害程度最为严重。原因是植株处于长期没顶淹涝条件(DFAA3),抑制了光合作用,水下缺氧及有害物质的不断累积促进了各器官的分解。从图 4-11(b)~(e)可以看到,旱涝急转组穗重的大幅下降(DFAA1~DFAA9 平均减少率 39.58%),可能是总干物质量减少的主要原因。

由图 4-11(b)~(e)可知,不同旱涝阶段后期涝对前期轻旱(DC1、DC2、DC3)下的根干物质有略微的增加作用,DFAA1、DFAA2、DFAA3 相对于单旱组分别增加 2.75%、2.44%、3.92%,但是削减了前期重旱的根干物质,DFAA7、DFAA8、DFAA9 相对于单旱组分别削减 33.80%、8.39%、1.39%;后期涝对前期受旱时间不长的轻旱胁迫(DC1、DC2)下的茎干物质有较大提升,DFAA1、DFAA2 相对于单旱组增长率分别为 13.48%、40.78%;后期涝对前期受旱条件下叶片的影响并未表现出一致的补偿或削减作用;后期涝对前期受旱条件下的穗干物质均有削减作用,各处理组在不同旱涝阶段相对于单旱组平均削减 39.58%,DFAA3 削减最为严重,平均削减率为 74.09%。

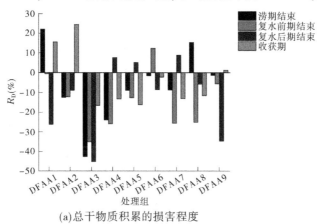

(a)总干物质积累的损害程度

图 4-11 旱涝急转组干物质积累相对于单旱组的损害程度

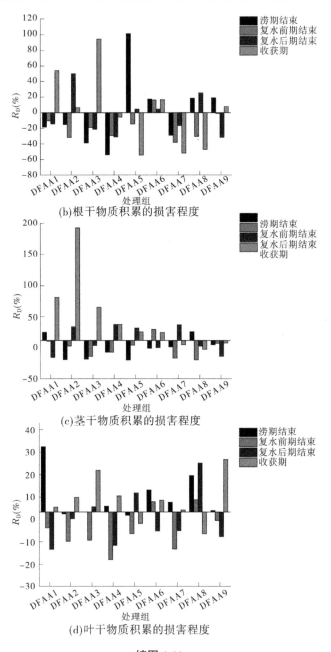

(b)根干物质积累的损害程度

(c)茎干物质积累的损害程度

(d)叶干物质积累的损害程度

续图 4-11

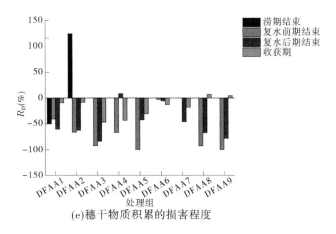

(e)穗干物质积累的损害程度

续图 4-11

目前,对于旱涝急转组与单旱组、单涝组干物质积累与分配的比较并不多见。已有研究结果表明涝对总干物质积累具有削减效应(熊强强等,2017b,2017c)。本节研究亦表明,涝胁迫削减了总干物质量,与单旱组相比,DFAA1~DFAA9 平均削减率 9.25%,其中 DFAA3 最为严重,削减率 34.91%,说明后期长期重涝对总干物质影响最大。

从干物质分配的角度来看,已有研究认为涝胁迫均会引起茎、叶干物质量的减少,穗部干物质量下降,一定程度的涝比旱及旱涝急转对稻株叶片干物质量的损伤更轻(熊强强等,2017b,2017c)。本节研究认为不同的旱涝组合形式对根、茎、叶、穗各器官产生的结果可能并不一致。对于根干物质,后期淹涝提升了前期轻旱条件下根干物质的积累,降低了前期重旱条件下根干物质的积累。对于茎干物质,后期淹涝提升了前期短、中期轻旱下的茎干物质。对于叶干物质,淹涝对干旱条件下的叶干物质的作用并未表现出一致的补偿或削减作用。对于穗干物质,淹涝对前期受旱下各处理组表现为一致的削减,其中 DFAA3 下降 74.09%,说明后期长期重涝对穗干物质的损伤更加严重。穗重的大幅下降可能是总干物质量减少的主要原因。

4.2.2　前期旱胁迫对水稻后期淹涝干物质积累的影响

前期不同程度干旱处理均削减了后期淹涝条件下的总干物质。由图 4-12(a)可知,各处理组在不同旱涝阶段相对于单涝组平均削减 18.24%,DFAA3、DFAA5、DFAA7、DFAA8、DFAA9 削减率均超过平均值,分别为 25.55%、21.10%、28.60%、19.84%、27.84%,损害程度较为严重。因此,前期重旱或后期没顶淹涝的旱涝组合对总干物质的叠加损害更加严重。从图 4-12(b)~

(e)可以看到,旱涝急转组总干物重的下降主要原因是茎重(DFAA1～DFAA9
平均减少率 21.46%)和穗重(DFAA1～DFAA9 平均减少率 19.61%)的减少。

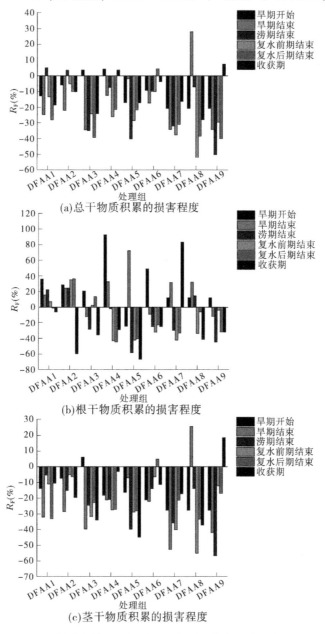

图 4-12　旱涝急转组干物质积累相对于单涝组的损害程度

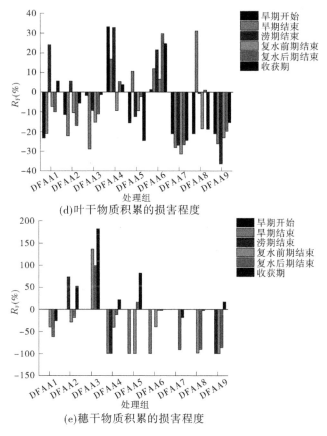

(d)叶干物质积累的损害程度

(e)穗干物质积累的损害程度

续图 4-12

由图 4-12(b)～(e)可知,短、中期轻旱胁迫对受涝条件下的根干物质量有较大提升,DFAA1、DFAA2 相对于单涝组增长率分别为 12.38%、14.77%;前期旱胁迫对受涝条件下的茎干物质量整体表现为削减作用,平均削减率为21.46%,其中 DFAA3、DFAA5、DFAA7、DFAA8、DFAA9 削减最为严重,削减率分别为 24.42%、27.46%、32.40%、23.53%、22.80%;前期重旱胁迫对受涝条件下的叶干物质量损伤程度较为严重,DFAA7、DFAA8、DFAA9 相对于单涝组削减率分别为 26.48%、4.50%、23.68%;前期重旱对受涝条件下的穗干物质量也有较大损害,削减率均超过50%,但对 DFAA3 有增加作用,平均增长率为138.83%。

已有研究结果表明,前期干旱对总干物质积累具有削减作用,并且前期重旱后期急转重涝的处理对总干物质量影响最为严重(熊强强等,2017b,2017c)。本节研究亦表明,旱胁迫削减了总干物质量,并且受到干旱后效应的影响,后续涝期及复水期总干物质的削减作用更严重。与单涝组相比,DFAA1~DFAA9 平均削减率 18.24%,其中 DFAA3、DFAA5、DFAA7、DFAA8、DFAA9 削减程度均超过平均值,说明前期重旱或前期旱+后期完全淹涝对总干物质影响最为严重。

从干物质分配的角度来看,已有研究认为旱胁迫均会引起茎、叶干物质量的减少,前期重旱比后期重涝对穗部干物质量的影响更大一些,穗部干物质量下降较多(熊强强等,2017b,2017c)。本节研究认为不同的旱涝组合形式对根、茎、叶、穗各器官产生的结果可能并不一致。对于根干物质,短中期轻旱使淹涝下根干物质的积累有所提高。对于茎干物质,前期受旱降低了各处理组的茎干物质,平均减少率为 21.46%,其中,DFAA3、DFAA5、DFAA7、DFAA8、DFAA9 下降程度超过平均值,前期重旱或前期干旱+后期重涝对茎干物质的影响更大。对于叶干物质,前期重旱对淹涝下的叶干物质的影响更加严重。对于穗干物质,前期重旱对淹涝条件下的穗干物质的削减作用超过 50%,但同时也可以看到,DFAA3 相对于单涝组增长了 138.83%,因此前期受旱对后期长期淹涝下的穗干物质具有补偿作用。旱涝急转组总干物质量的下降主要原因是茎重(DFAA1~DFAA9 平均减少率 21.46%)和穗重(DFAA1~DFAA9 平均减少率 19.61%)的减少。

4.3 旱涝急转下干物质分配的变化特征分析

4.3.1 旱涝急转下根干物质分配的变化特征

从图 4-13 可知,2016 年、2018 年正常组和旱涝急转组根干物质分配指数于旱期结束阶段达到最大值,2017 年于涝期结束阶段达到最大值,而后随水稻生育期的进展呈现递减趋势。并且,2017 年(中旱)由旱转涝后根干物质分配指数旱涝急转组减少略低于正常组,与 2016 年(重旱)及 2018 年(轻旱)存在年际性差异。

2016~2018 年不同旱涝阶段旱涝急转组根干物质分配指数平均值(10.98%)略高于正常组(9.51%)。2016 年(重旱)旱涝急转组根干物质分配指数 12.11%高于正常组 9.61%;2017 年(中旱)旱涝急转组与正常组接近,均为 10%左右;2018 年(轻旱)旱涝急转组根干物质分配指数 10.73%高于正常组 8.11%,并且在前期受旱阶段,旱涝急转组根干物质分配指数(3 年平均14.27%)均高于正常组(9.65%)。说明旱涝急转旱处理促进了光合同化物向根部的运移,改变了根冠比例。前期干旱胁迫条件,植株为了扩大了根系吸收表面积,保证矿质养分和水分的供应,光合同化来的总干物质更倾向于分配给根系供根毛的生长发育。

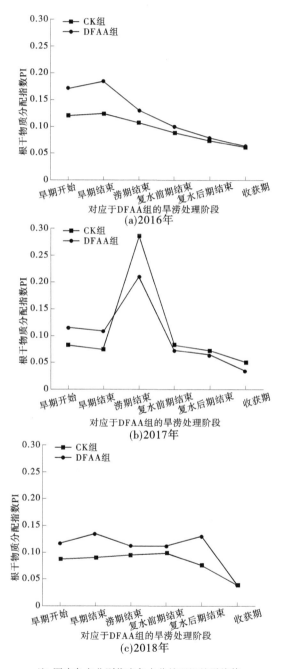

注:图中各点分别代表各水分处理组的平均值。

图 4-13　2016～2018 年不同水分处理下根干物质分配指数

4.3.2　旱涝急转下茎干物质分配的变化特征

从图 4-14 可知,2016~2018 年正常组和旱涝急转组随水稻生育期的进程茎干物质量呈现先增后减趋势,旱涝急转组峰值点晚于正常组出现,并且 2016 年、2017 年峰值点与正常组接近,2018 年峰值点低于正常组。整体来说,在旱期、涝期及复水前期旱涝急转组的茎干物质分配指数均低于正常组,在复水后期及收获期接近并略高于正常组,3 年的茎干物质分配指数变化规律大致接近,2016 年(重旱)与 2017 年、2018 年相比略平缓。

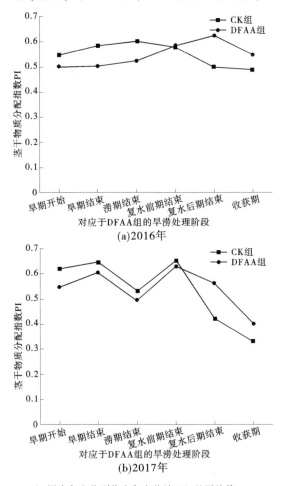

(a)2016年

(b)2017年

注:图中各点分别代表各水分处理组的平均值。

图 4-14　2016~2018 年不同水分处理下茎干物质分配指数

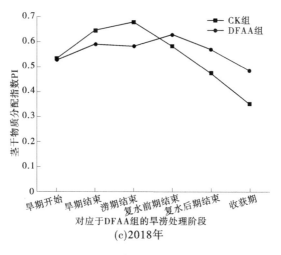

(c)2018年

续图 4-14

2016~2018 年不同旱涝阶段正常组茎干物质分配指数平均值与旱涝急转组接近,均在 55% 左右。在旱期、涝期及复水前期旱涝急转组茎干物质分配指数(3 年平均 60.12%)高于正常组(56.05%),在复水后期及收获期茎干物质分配指数(3 年平均 53.20%)高于正常组(42.75%),3 年规律相同。说明旱涝当期总干物质向茎秆转运率下降,光合同化物被更多分配给其他器官,旱涝胁迫对茎干物质表现为叠加削减作用,在复水后期茎秆发生补偿生长,可能是受到旱涝后效性影响。

4.3.3　旱涝急转下叶干物质分配的变化特征

从图 4-15 可知,2016~2018 年正常组和旱涝急转组随水稻生育期的进程叶干物质分配指数大致呈现递减趋势,旱涝急转组叶干物质分配指数高于正常组。其中 2018 年(轻旱)相比 2016 年(重旱)、2017 年(中旱)与正常组差异较小。

2016~2018 年不同旱涝阶段旱涝急转组叶干物质分配指数平均值(25.63%)高于正常组(20.89%),并且各年旱涝急转组叶干物质分配指数均呈现这一规律。3 年叶干物质分配指数在旱期(29.07%)略高于正常组(25.90%);在涝期、复水前期、复水后期旱涝急转组(分别为 30.92%、25.51%、21.13%)与正常组(分别为 20.98%、18.27%、15.04%)差异较大。4.1.4 部分结论为受旱后叶片干重减小,但分配指数增加说明旱期叶片输出受阻,后期由于颖花数少,对同化物需求量减少,导致成熟期 DFAA 组茎、叶干物质分配率高于 CK 组。

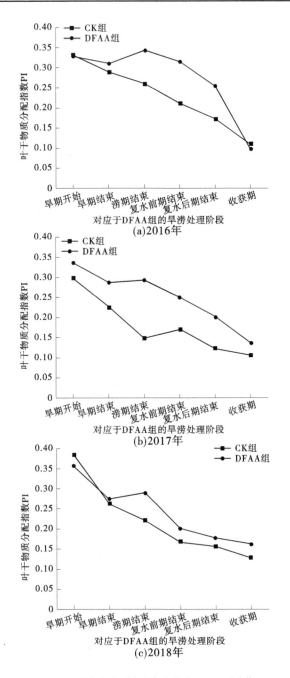

注:图中各点分别代表各水分处理组的平均值。

图 4-15 2016~2018 年不同水分处理下叶干物质分配指数

4.3.4　旱涝急转下穗干物质分配的变化特征

从图 4-16 可知,2016~2018 年正常组和旱涝急转组随水稻生育期的进程穗干物质分配指数呈现递减趋势,旱涝急转组穗干物质分配指数低于正常组,3 年表现为相同的变化规律。

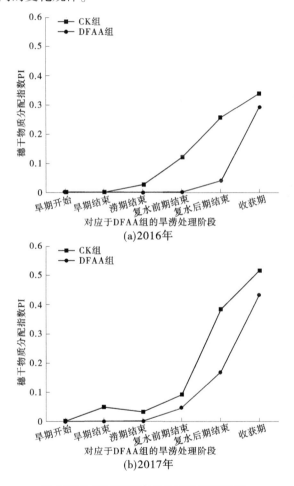

注:图中各点分别代表各水分处理组的平均值。

图 4-16　2016~2018 年不同水分处理下穗干物质分配指数

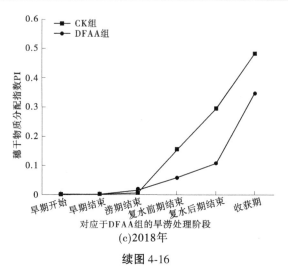

对应于DFAA组的旱涝处理阶段

(c)2018年

续图 4-16

2016～2018 年不同旱涝阶段旱涝急转组穗分配指数平均值(8.38%)低于正常组(15.27%),并且各时期均表现为削减效应。在复水前期、复水后期、收获期旱涝急转组穗分配指数(分别为 3.51%、10.57%、35.68%)与正常组差异较大(分别为 12.18%、31.07%、44.61%)。说明旱涝急转胁迫不利于总干物质向籽粒的分配,在旱、涝作用的不同阶段各器官竞争用水,植株采取了不同的用水策略。与正常组相比,旱涝急转组早期总干物质更多的分配给根系,促进根毛的生长发育,保证矿物营养与水分供应;涝期除叶片分配指数略高于正常组,其他器官的分配均呈下降趋势;复水期至收获期茎、叶开始补偿生长。

4.4　旱涝急转下收获指数的变化规律

从图 4-17 可知,2016～2018 年不同水分条件下地上干物质积累的变化规律:2016 年,单涝组>旱涝急转组>正常组>单旱组;2017 年,正常组>单旱组>单涝组>旱涝急转组;2018 年,正常组>单涝组>旱涝急转组>单旱组。三年产量及收获指数变化规律一致:产量,正常组>单旱组>旱涝急转组>单涝组;收获指数,单旱组>正常组>旱涝急转组>单涝组。旱涝急转组收获指数介于单旱组与单涝组之间,说明旱涝急转受旱可以提高干物质转化籽粒效率,即前期干旱对后期淹涝具有减灾拮抗作用。

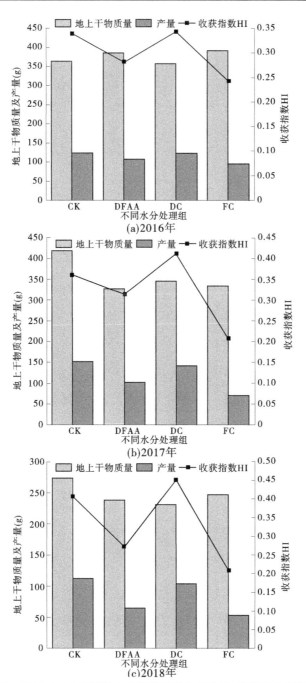

图 4-17　2016～2018 年不同水分条件下地上干物质、产量及收获指数 HI

4.5　本章小结

　　旱涝急转组与正常组相比总干物质量减少,平均减少率为 21.88%,减少范围 10.86%(DFAA2)~37.78%(DFAA7),其中 DFAA7 在涝期结束至复水期结束阶段,减少率超过 50%。与单旱组、单涝组对比,旱涝胁迫共同削减了总干物质量,后期长期重涝对受旱条件下的总干物质影响最大;前期重旱或前期旱+后期完全淹涝对总干物质影响最为严重。

　　从干物质分配的角度来看,旱涝急转组与正常组相比,各组成部分平均损伤率:穗(43.58%)>茎(17.63%)>根(5.28%)>叶(1.31%)。与单旱组对比,后期淹涝主要减少了穗重(DFAA1~DFAA9 平均减少率 39.58%);与单涝组对比,前期受旱条件下茎重(DFAA1~DFAA9 平均减少率 21.46%)和穗重(DFAA1~DFAA9 平均减少率 19.61%)均有减少。

　　旱涝急转变化水环境下各器官竞争用水,从各器官分配指数变化特征可以看到,与正常组相比,旱涝急转组早期总干物质更多地分配给根系,促进根毛的生长发育,保证矿物营养与水分供应;涝期除叶片分配指数略高于正常组,其他器官的分配均呈下降趋势;复水期至收获期茎、叶开始补偿生长;穗分配指数在不同时期均小于正常组。

　　旱涝急转组收获指数低于正常组,介于单旱组与单涝组之间,说明旱涝急转受旱可以提高干物质转化籽粒效率。

第 5 章　变化水环境下水稻
光合生产与干物质积累模型

　　光合生产与干物质积累是作物生长模型计算的核心。光合作用是作物生长的根本驱动力,是干物质积累以及产量形成的基础,因此准确地模拟光合作用对于生长模型的建立十分重要(王玉纯,2015;唐卫东等,2011;刘建华,2009;侯加林,2005)。目前采用较多的光合计算方法包括光响应模型、CO_2 响应模型、快速光曲线模型,上述模型经过适当地变换均可转化为米氏方程(Michaelis-Menten 模型),其计算原理类似于将光或者 CO_2 视为底物进行酶促反应。由于存在奢侈蒸腾,水分利用效率最大值与产量最大值不可能同时达到,前者先于后者,气孔参与了水分消耗与碳同化之间的协调。受土壤水分条件变动的影响,气孔对边际水分利用率 λ 具有调节作用,已有研究表明,光合速率受这种调节作用的影响(纪莎莎,2017;范嘉智等,2016),基于最优气孔行为理论建立变化水环境下作物生长模拟模型更符合作物实际的生长过程(侯加林,2005)。本章主要探讨变化水环境下水稻光合生产与干物质积累模型建立并且基于试验数据对此模型进行验证。

　　本章部分图片电子资源:

5.1　正常条件下基于气孔行为最优的光合同化模型

5.1.1　最优气孔导度机理模型

　　依据最优气孔导度理论并借鉴 Ball-Berry 的半经验模型发展的气孔导度优化模型[见式(5-1)],气孔导度斜率 g_1 是模型中非常重要的参数,Medlyn 等(2011)将模型中的斜率参数 g_1 与广受肯定的最优化气孔理论中的边际水分利用效率 λ(植物损耗单位水的碳生产量)联系在一起式[见式(5-2)],使得这一参数具有了生物学含义,可以用来描述植物的水分利用策略(Heroult et al.,2013;Medlyn et al.,2011)。

$$g_s = g_0 + 1.6\left(1 + \frac{g_1}{\sqrt{\dfrac{VPD}{P}}}\right)\frac{A}{C_a} \tag{5-1}$$

$$g_1 \propto \sqrt{\frac{\Gamma^*}{\lambda}} \tag{5-2}$$

式中:g_s 为气孔导度,mol/($m^2 \cdot s$);g_0 为最小气孔导度,也是光合为 0 时的残存气孔导度,接近 0,可忽略;1.6 为气孔对 H_2O 与 CO_2 的扩散系数之比(Frank et al.,1993);g_1 为气孔导度斜率;VPD 为叶面饱和水汽压差,kPa;P 为大气压强,kPa;A 为净光合同化速率,$\mu mol/(m^2 \cdot s)$,C_a 为环境 CO_2 浓度,ppm;Γ^* 为 CO_2 补偿点,$\mu mol/mol$;λ 为边际水分利用效率,$\mu mol/mol$。

5.1.2　气孔行为最优时的光合同化模型

根据气孔调控最优化理论,可以得到气孔行为最优时的光合速率[见式(5-3)],外界环境条件诸如辐射、CO_2、温度、湿度、肥力、土壤水分状况等均可通过试验定点观测的方法获取,而斜率参数 g_1 无法从试验中直接获得,g_1 的确定需要通过式(5-2)计算得到。式(5-2)中气孔导度斜率 g_1 随着边际水分利用效率 λ 的提高而降低,随 CO_2 补偿点 Γ^* 的提高而提高(范嘉智等,2016),本节引入比例系数 k,以便于量化这一特点[见式(5-4)]。CO_2 补偿点的计算采用光合作用生化模型中的 Γ^* 方程[Medlyn et al.,2002;式(5-5)],边际水分利用效率则根据其生理学意义[Cowan et al.,1977;式(5-6)]和 Fick 定律[见式(5-7)、式(5-8)]计算得到,λ 的计算结果如图 5-1 所示(以 2017 年正常组为例)。

$$A = (g_s - g_0)\frac{C_a}{1.6\left(1 + \dfrac{g_1}{\sqrt{\dfrac{VPD}{P}}}\right)} \tag{5-3}$$

$$g_1 = k\sqrt{\frac{\Gamma^*}{\lambda}} \tag{5-4}$$

$$\Gamma^* = \Gamma^*_{25} \cdot e^{19.02 - \frac{37.83}{R(T_1 + 273.15)}} \tag{5-5}$$

$$\lambda = \frac{\partial A / \partial g_s}{\partial E / \partial g_s} \tag{5-6}$$

$$A = g_s (C_a - C_i) \tag{5-7}$$

$$E = 1.6 g_s \frac{\text{VPD}}{P} \tag{5-8}$$

式中，Γ^* 为 CO_2 补偿点，$\mu mol/mol$；Γ_{25}^* 为 25 ℃时不含暗呼吸的 CO_2 补偿点，$\Gamma_{25}^* = 42.75\ \mu mol/mol$；$R$ 为气体常数，$R = 8.314\ J/(mol \cdot K)$；$T_1$ 为叶面温度，℃；C_i 为胞间 CO_2 浓度，ppm；1.6 为气孔对 H_2O 与 CO_2 的扩散系数之比。

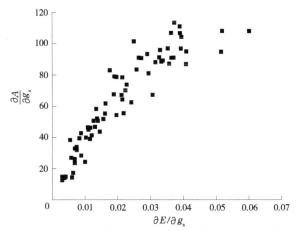

图 5-1　2017 年正常组边际水分利用效率 λ 的计算结果

5.1.3　干物质量的计算

由式(5-3)得到的单叶光合同化速率 A_n，结合各时段实测 LAI，基于大叶模型原理估算整个冠层的光合量 A_c(缪子梅，2013)。大叶模型假设冠层光合作用对环境的响应与单叶相同，冠层被看作成一个水平伸展的叶片整体结构［见式(5-9)］(缪子梅，2013)。将得到的冠层光合量进行日长累积，最终得出冠层日累积光合量［见式(5-10)］。

$$A_c = A_n \times \text{LAI} \tag{5-9}$$

$$G_p = A_c \times S \times \text{DL} \times 3\ 600 \times \text{CF}_{(CO_2)} \times \text{CF}_{(CH_2O)} \times 10^{-6} \tag{5-10}$$

式中，A_c 为冠层净光合速率，$\mu mol/(m^2 \cdot s)$；A_n 为单叶净光合速率，$\mu mol/(m^2 \cdot s)$；LAI 为叶面积指数；S 为测桶面积，0.096 2 m^2；DL 为观测期每

日时长,h;$CF_{(CO_2)}$ 为 CO_2 摩尔质量,44 g/mol;$CF_{(CH_2O)}$ 为碳同化过程中 CH_2O 转化系数,30/44;G_p 为冠层日累积光合量,g。

目前,对植物冠层尺度的研究应用较为成功的除了大叶模型,还有多层模型与二叶模型,二者将冠层划分为若干个层次,根据叶片的几何分布特点逐层对光合作用进行模拟。模拟的结果更接近于实际情况,但这样的改进增加了求解的参数,使模拟过程变得复杂。同时,由于本章主要研究水稻光合量差异与不同水分处理的关系,因此采用简化的大叶模型,并结合单个测桶内总生物量测定值进行估算,在一定程度上能够真实反映其内在规律。

5.2 旱涝急转下水稻光合生产与干物质积累模型

旱涝急转条件下水稻干物质及产量的生产过程与正常条件不同,与单一旱涝也有很大差别。已有研究多数聚焦于水分胁迫(受旱)对作物生产的影响,大多采用作物水分生产函数或作物模型的方法。两种方法各有局限,作物水分生产函数类似于黑箱模型,不能模拟作物的实际生长过程;而作物模型虽然属于机理模型,但计算过程通常需要输入大量的参数,大大降低了模型的实用性。旱涝急转下土壤水分含量急剧变化,对作物的影响不仅有旱、涝胁迫,还包括胁迫结束后复水阶段的补偿作用,相对于单一旱涝过程更加复杂,常规模型已无法适用。本节尝试将旱涝急转分为 4 个时期,计算旱、涝水分胁迫因子及后效应影响因子,建立旱涝急转下水稻光合生产和干物质积累模型。

模型构架如图 5-2 所示,主要由 4 个子模型构成:①旱期光合同化模型;②涝期干物质积累模型;③复水期干物质积累模型;④收获期穗重模拟模型。其中,模型②~④均是以正常组光合同化模型计算得到各阶段的干物质量为基础。各子模型关键计算因子分别为受旱阶段边际水分利用效率 λ_D、受涝阶段根系吸水量 S、复水期干物质后效应影响因子 F_G、收获期穗干物质分配指数后效应影响因子 F_{PI}。

5.2.1 受旱阶段光合同化模型

旱期光合同化模型的构建思路:首先,根据式(5-16)确定受旱条件下,气孔行为最优的光合同化模型中 k 的取值;其次,将 k 值带入式(5-17)后可以看到,模型中仅边际水分利用效率 λ_D 无法通过试验直接测得,基于最优气孔行为理论确定旱胁迫条件下边际水分利用效率 λ_D 的影响因素,并分析其影响机制;最后,建立边际水分利用效率 λ_D 与其影响因素间的数值模拟关系式,

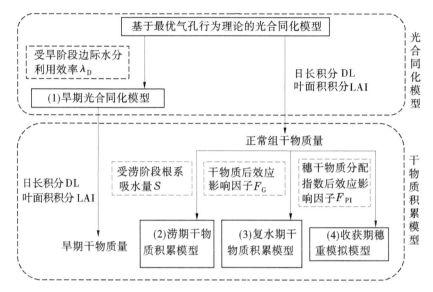

图 5-2　旱涝急转下水稻光合生产和干物质积累模型构架

并进行验证及精度评价。

5.2.1.1　光温效应系数(k 值)的计算

将式(5-4)~式(5-8)带入式(5-3)可以看出,气孔行为最优时的光合同化模型中仅气孔导度斜率 g_1(含比例系数 k 值)难以从已知的环境因子中直接获得。因此,需要对参数 k 值进行率定和验证。根据已有研究结果,气孔导度斜率 g_1 除与 CO_2 补偿点及边际水分利用效率有关外,还受到光温条件的影响(DeKauwe et al.,2015;Misson et al.,2004),推测 k 值的确定与光温条件有关。水稻叶片进行光合作用在开花前及开花后对光温条件存在不同的响应特性(许大全,2002;Smith et al.,2001)[见式(5-11)、图 5-3],据此宜对 k 值进行分段取值。

$$k = \frac{g_1}{\sqrt{\dfrac{\Gamma^*}{\lambda}}} = f(\text{PDT}) \qquad (5-11)$$

式中,PDT 为生理发育时间,与光温条件有关。其含义是指在最适光温条件下,作物完成某一生育阶段(如从播种到成熟)所需的时间,由每日生理热效应与每日光周期效应共同决定。

通过以上分析,本书采用能够综合反映光温效应的生理发育时间(PDT)

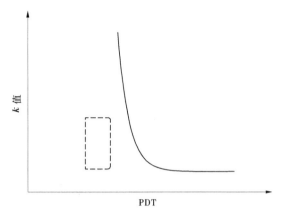

注:虚框表示开花前,开花前 k 值集中于某一区域,平均值接近
于常数;实线表示开花后,开花后 k 值呈指数分布。

图5-3 气孔导度斜率与 CO_2 补偿点和边际水分利用率之商与 PDT 的关系示意图

分开花前及开花后两个时期对 k 值进行数值模拟。PDT 由每日生理效应
RPDT 累积得到[见式(5-12)],每日的生理效应 RPDT 由每日生理热效应
RTE[见式(5-13)]和每日光周期效应 RPE[见式(5-14)]的相互作用共同
决定。

$$PDT = \sum RPDT = \sum (RTE \times RPE) \tag{5-12}$$

$$RTE(T) = \begin{cases} 0 & (T < T_b) \\ \dfrac{T - T_b}{T_{ob} - T_b} & (T_b \leqslant T < T_{ob}) \\ 1 & (T_{ob} \leqslant T \leqslant T_{ou}) \\ \dfrac{T_m - T}{T_m - T_{ou}} & (T_{ou} < T \leqslant T_m) \\ 0 & (T_m < T) \end{cases} \tag{5-13}$$

$$RPE = \begin{cases} 1 & (DL \leqslant DL_0) \\ \dfrac{DL - DL_0}{DL_c - DL_0} & (DL_0 < DL \leqslant DL_c) \\ 0 & (DL_c < DL) \end{cases} \tag{5-14}$$

式中,RTE 表示当温度为 T 时的相对热效应;T_b 为发育期最低温度下限,低于
这一温度时,发育速率为 0;T_m 为发育期最高温度上限,超过这一温度时,水

稻停止发育;T_{ob} 为发育期最适温度下限,T_{ou} 为发育期最适温度上限,参考已有研究,三基点温度设置为:$T_b = 15\ ℃$,$T_m = 30\ ℃$,$T_{ob} = 18\ ℃$,$T_{ou} = 25\ ℃$;RPE 表示光周期效应;DL_c 为临界日长,取 14 h;DL_0 为最适日长,取 12.5 h;DL 为实际日长,可以采用试验站气象观测数据,亦可采用式(5-15)进行计算。

$$DL = 12 \times \left[1 + (2/\pi) \times \sin^{-1}(a/b) \right] \qquad (5\text{-}15)$$

式中,$a = \sin\gamma\sin\delta$;$b = \cos\gamma\cos\delta$,$\sin\delta = -\sin(\pi \times 23.45/180) \times \cos\left[2\pi \times (DAY + 10)/365 \right]$,$\cos\delta = 1 - \sin\delta \times \sin\delta$,DAY 是一年中的日序,$\gamma$ 为地理纬度,δ 为太阳赤纬(在 ±23.45° 变化)。

5.2.1.2 边际水分利用效率的计算

已有研究表明(Katul et al.,2012;Arneth et al.,2002;Thomas et al.,1999),边际水分利用效率 λ 与作物种类和土壤含水率有关,其值随土壤含水率或土壤水势的减小而先增后减(Manzoni et al.,2011;Larcher et al.,2003),本节开展的三年测桶试验结果发现,干旱条件下的边际水分利用效率除受干旱胁迫程度影响外,干旱胁迫持续时间是一个重要影响因素,据此假设受旱阶段 λ_D 与土壤水分和胁迫时间的关系,基于此改进了前人旱期基于最优气孔导度的光合同化模型[见式(5-16)、式(5-17)]。

$$A_D = (g_s - g_0) \frac{C_a}{1.6\left(1 + \dfrac{k\sqrt{\dfrac{\Gamma^*}{\lambda_D}}}{\sqrt{\dfrac{VPD}{P}}}\right)} \qquad (5\text{-}16)$$

$$\frac{1}{\lambda_D} = \frac{1}{\lambda_{CK}} f_1(\theta, t) \qquad (5\text{-}17)$$

式中,$1/\lambda_D$、$1/\lambda_{CK}$ 分别为受旱条件、正常条件的碳同化边际水分消耗;$f_1(\theta, t)$ 为旱胁迫系数,是受旱程度、时间的函数,值越小受旱胁迫越严重。

5.2.2 受涝阶段干物质积累模型

涝期干物质积累模型的构建思路:首先,根据 Feddes(1976)根系吸水模型推导相对根系吸水量、根长,以及相对蒸腾量之间的关系;其次,用根系相对吸水量替代相对蒸腾量,构建涝期干物质积累模型,通过单涝组和正常组干物质量实测数据反推涝期水分胁迫因子(相对蒸腾量),以单涝组涝期干物质量为率定组,建立根系相对吸水量与受涝程度和受涝时间的数值关系;最后,以旱涝急转组涝期干物质量为验证组,对模型模拟结果进行精度检验。由于旱涝急转组涝期受到前期旱胁迫的影响,与单涝条件不同,需考虑旱、涝交互作用,验证过程中采用两种条件下根长函数的比值来量化这一差异。

由于试验设定涝期水深为 50% 株高至没顶淹涝,土壤表面以上水层较深,故受涝阶段未进行光合特性参数的观测。本节采用耦合 Feddes 根系吸水模型(Feddes et al.,1976)的方法,引入涝期水分胁迫因子 $\alpha(h)$[式(5-18)~式(5-21)],计算涝期干物质。

$$A_{CK} = (g_s - g_0) \cfrac{C_a}{1.6\left(1 + \cfrac{0.7\sqrt{\cfrac{\Gamma^*}{\lambda_{CK}}}}{\sqrt{\cfrac{VPD}{P}}}\right)} \tag{5-18}$$

$$G_{p-FC} = \frac{\left(\iint A_{CK}\,\mathrm{d}L\mathrm{d}t\right)\alpha(h)}{Q} \tag{5-19}$$

$$G_{p-CK} = \frac{\iint A_{CK}\,\mathrm{d}L\mathrm{d}t}{Q} \tag{5-20}$$

$$\alpha(h) = \frac{G_{p-FC}}{G_{p-CK}} \tag{5-21}$$

式中,G_{p-FC} 为涝期干物质量,g;G_{p-CK} 为与涝期对应的正常组干物质量,g;$\alpha(h)$ 为淹涝对水稻干物质量的影响因子;t 为受涝时间,d;L 为叶面积指数。

试验中未对测桶土样进行分层,将 Feddes 根系吸水模型[见式(5-22)~式(5-24)]经过适当变换,用根系吸水量代替涝期蒸腾,$\alpha(h)$ 最终可以简化为与根系吸水、根长有关的函数[见式(5-25)]。根据试验数据反推根系吸水与受涝程度、时间的关系[见式(5-26)]。验证期采用旱涝急转组总干物质,从公式推导过程可以看出,单涝组与旱涝急转组涝胁迫相同,但根长函数不同,导致总干物质的积累存在差异[见式(5-27)~式(5-29)]。

$$T_{act} = \int_0^L S\,\mathrm{d}h \tag{5-22}$$

$$S = \begin{cases} S_{max} & h_0 < h \leqslant h_{aer} \\ S_{max}a(h) & h_{aer} < h \leqslant H \\ 0 & H < h \end{cases} \tag{5-23}$$

$$S_{max} = \frac{T_{pot}}{L} \tag{5-24}$$

$$\alpha(h) = \frac{T_{act}}{T_{pot}} = \frac{\int_0^L Sdh}{S_{max}L_{max}} = \frac{S}{S_{max}}f(L) \tag{5-25}$$

$$\frac{S}{S_{max}} = f_2(h,t) \tag{5-26}$$

$$G_{p-FC} = G_{p-CK}f_2(h,t)f(L) \tag{5-27}$$

$$G_{p-DFAA(F)} = G_{p-CK}f_2(h,t)f'(L) \tag{5-28}$$

$$G_{p-DFAA(F)} = G_{p-FC}\frac{f'(L)}{f(L)} \tag{5-29}$$

式中，T_{act} 为作物实际蒸腾量，mm/d；S 为根系吸水量，mm/d；S_{max} 为根系潜在吸水量，mm/d；h_0 为浅层积水，cm；h_{aer} 为耐淹水深［根据《灌溉与排水工程设计标准》(GB 50288—2018)水稻拔节孕穗期、抽穗开花期耐淹水深均为 10 cm］，cm；h 为淹没深度，cm；H 为株高(试验测得水稻分蘖期、拔节期、抽穗期株高约 50 cm、90 cm、110 cm)，cm；T_{pot} 为作物潜在蒸腾量，mm/d；L 为根系长度，cm；$f(L)$ 为涝期根长函数；$f_2(h,t)$ 为受涝程度、时间的函数；$G_{p-DFAA(F)}$ 为旱涝急转组涝期干物质量，g；$f'(L)$ 为旱涝急转组涝期根长函数；其他符号意义同前。

L 的计算可以采用试验实测数据，也可以根据式(5-30)积分得到(王昆等，2010)。

$$L = L_{max}\left[0.5 + 0.5\sin\left(3.03\frac{DAP}{DTM} - 1.47\right)\right] \tag{5-30}$$

式中，DAP 为播种后的天数；DTM 为作物成熟所需要的天数。

5.2.3　复水期干物质积累模型

复水期干物质积累模型的构建思路：首先，以旱涝急转组复水期同期的单旱组与正常组总干物质量之比衡量前期干旱胁迫对复水期干物质的后效应影响，以旱涝急转组与单旱组总干物质量之比衡量后期淹涝胁迫对复水期干物质的后效应影响，将二者乘积作为后效应影响因子；其次，以复水前期干物质量数据作为率定组，建立前期干旱与后期淹涝胁迫与受旱程度、历时及受涝程度、历时的数值关系；最后，以复水后期作为验证组，对后效应因子模拟模型进行检验，通过进一步计算旱涝急转组复水前期与复水后期总干物质量，对模型进行精度评价。

已有研究表明(郭相平等，2013；Yao et al.,2012；周磊等，2011)，旱涝胁迫存在着交互作用，胁迫结束后有时会出现补偿现象。目前，关于旱涝胁迫补偿机制的研究不多,且相比旱后复水单一模式下的补偿效应,旱涝急转后是否出现补偿、补偿程度如何,尚不明确。本节根据 2016～2018 年复水期(复水 10 d、复水 20 d)干物质量实测数据,引入旱涝胁迫后效应影响因子[见式(5-31)～式(5-33)],通过量化与前期旱涝程度和时间的相关性,计算复水期干物质。

$$F_{\mathrm{G}} = \frac{G_{\mathrm{p\text{-}DFAA}}}{G_{\mathrm{p\text{-}CK}}} = \frac{G_{\mathrm{p\text{-}DFAA}}}{G_{\mathrm{p\text{-}DC}}} \times \frac{G_{\mathrm{p\text{-}DC}}}{G_{\mathrm{p\text{-}CK}}} \tag{5-31}$$

$$\left. \begin{aligned} f_3(\theta,t) &= \frac{G_{\mathrm{p\text{-}DC}}}{G_{\mathrm{p\text{-}CK}}} \\ f_3(h,t) &= \frac{G_{\mathrm{p\text{-}DFAA}}}{G_{\mathrm{p\text{-}DC}}} \end{aligned} \right\} \tag{5-32}$$

$$F_{\mathrm{G}} = f_3(\theta,t) \cdot f_3(h,t) \tag{5-33}$$

式中,F_{G} 为复水期后效应影响因子;$G_{\mathrm{p\text{-}DC}}$ 为单旱组复水期干物质量,g;$f_3(\theta,t)$ 和 $f_3(h,t)$ 分别为前期旱涝程度、时间的函数;其他符号意义同前。

5.2.4 收获期穗重模拟模型

收获期穗重模拟模型的构建思路:首先,以单旱组与正常组穗分配指数之比作为前期干旱胁迫对收获期穗分配指数的后效应影响,以旱涝急转组与单旱组穗分配指数之比作为后期淹涝胁迫对收获期穗分配指数的后效应影响,将二者乘积作为前期干旱与后期淹涝胁迫后效应影响因子;其次,建立前期干旱与后期淹涝胁迫与受旱程度、历时及受涝程度、历时的数值关系;最后,计算旱涝急转组穗重,对模型模拟结果进行精度检验。

穗重直接影响稻谷产量,可以用来表征产量潜力水平。穗重是收获期计算的核心,可以通过收获期干物质与穗分配指数的乘积求得[见式(5-34)]。其中,收获期干物质可试验测得亦可通过光合积分公式得到,穗分配指数考虑旱涝胁迫后效应的影响,引入后效应影响因子[见式(5-35)～式(5-37)],并根据 2016～2018 年实测穗重,对计算结果进行验证。

$$\mathrm{DM[panicle]} = \mathrm{DM[plant]} \times \mathrm{PI[panicle]} \tag{5-34}$$

$$F_{\mathrm{PI}} = \frac{\mathrm{PI_{p\text{-}DFAA}}}{\mathrm{PI_{p\text{-}CK}}} = \frac{\mathrm{PI_{p\text{-}DFAA}}}{\mathrm{PI_{p\text{-}DC}}} \times \frac{\mathrm{PI_{p\text{-}DC}}}{\mathrm{PI_{p\text{-}CK}}} \tag{5-35}$$

$$\left. \begin{aligned} f_4(\theta,t) &= \frac{\mathrm{PI_{p\text{-}DC}}}{\mathrm{PI_{p\text{-}CK}}} \\ f_4(h,t) &= \frac{\mathrm{PI_{p\text{-}DFAA}}}{\mathrm{PI_{p\text{-}DC}}} \end{aligned} \right\} \tag{5-36}$$

$$F_{PI} = f_4(\theta,t)f_4(h,t) \tag{5-37}$$

式中,PI[panicle]为收获期穗分配指数;DM[plant]、DM[panicle]分别为收获期总干物质量和穗干物质量;F_{PI}为收获期后效应影响因子;$f_4(\theta,t)$和$f_4(h,t)$分别为前期旱涝程度、时间的函数;其他符号意义同前。

5.3　模型参数的率定

旱涝急转下水稻光合生产与干物质积累模型中共包含 6 个旱涝胁迫因子待确定,分别为受旱阶段水分胁迫系数$f_1(\theta,t)$、受涝阶段水分胁迫系数$f_2(h,t)$、复水阶段总干物质量的后效应影响因子$f_3(\theta,t)$、$f_3(h,t)$,以及收获期穗分配指数后效应影响因子$f_4(\theta,t)$、$f_4(h,t)$。本节根据试验数据采用最小二乘法优化建模进行参数辨识[见式(5-38)],即当所有处理旱涝胁迫因子$f(\theta,t)$或$f(h,t)$的模拟值与实测值的误差平方和达到最小时求解参数值[见式(5-39)~式(5-40)]。5.3.2~5.3.5部分为其分析及率定过程。

$$\min Z = \sum_{i=1}^{N}(M_i - S_i)^2 \tag{5-38}$$

$$\min Z = \sum_{i=1}^{N}\left[f(\theta,t) - \left(a\sum_{1}^{t}RW + b\right)\right]^2 \tag{5-39}$$

$$\min Z = \sum_{i=1}^{N}\left[f(h,t) - \left(a - b\sum_{1}^{t}h\right)\right]^2 \tag{5-40}$$

式中,M_i为第i个处理的实测值;S_i为第i个处理的拟合值;$f(\theta,t)$为旱胁迫因子;$f(h,t)$为涝胁迫因子;RW 为与土壤含水率有关的土壤湿度因子;h为涝期淹没深度;a、b为模型拟合参数。

由于试验条件的限制,以及试验过程中仪器故障、天气变换无常等不可抗力因素的存在,使一些年份的试验测量阶段并不完全一致,各子模型采用的率定组、验证组并不相同。受旱阶段采用 2018 年单旱组相对边际水分利用效率为率定组,旱涝急转组为验证组(由于 2018 年光合测量数据包含了受旱当期以及正常组不同旱涝时期的试验数据,2017 年由于天气原因仅观测了复水期,2016 年光合仪故障,未进行光合测量);受涝阶段以 2016~2018 年单涝组根系相对吸水量为率定组,旱涝急转组为验证组;复水阶段以 2016~2018 年复水前期干物质为率定组,复水后期为验证组;收获期以 2016~2018 年穗分配指数进行率定,结合总干物质量数据计算穗重,通过与实测值对比,对模型模拟结果进行精度检验。

由于旱涝急转组涝期、复水期干物质计算基于正常组同期数据,因此需要对正常条件下气孔导度斜率与 CO_2 补偿点和边际水分利用率之商(k 值)进行计算[见式(5-41)]。5.3.1 部分为其分析及率定过程。

$$\min Z = \sum_{i=1}^{N} \left[k - (a + be^{c \cdot PDT}) \right]^2 \tag{5-41}$$

式中,PDT 为生理发育日;a、b、c 为模型拟合参数。模型以 2018 年数据为率定组,2017 年为验证组。

5.3.1 正常条件下光温效应系数的率定与分析

本节研究选用 2018 年数据作为率定组,分析正常条件下 k 值与生理发育日 PDT 之间的关系[见式(5-9)、式(5-42)],数值模拟的结果见图 5-4。从模拟结果可以看出,2018 年开花前 k 值分布在常数 0.7 附近,开花后 k 值与 PDT 均有较好的指数关系。

$$k = \begin{cases} 0.7 & (\text{开花前}) \\ 0.5 + 10^4 e^{-0.36PDT} & (\text{开花后}) \end{cases} \tag{5-42}$$

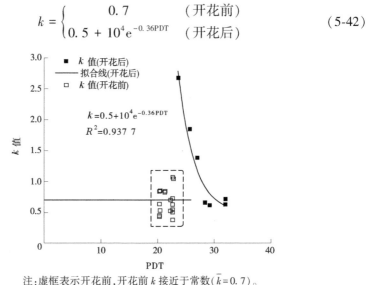

注:虚框表示开花前,开花前 k 接近于常数($\overline{k}=0.7$)。

图 5-4 2018 年正常组 k 值与 PDT 关系

5.3.2 受旱阶段 $f_1(\theta, t)$ 的变化特征及模拟

5.3.2.1 受旱阶段 k 值的确定及水分胁迫系数 $f_1(\theta, t)$ 的变化规律分析

旱涝胁迫发生在作物开花前,受旱条件下 k 值应为常数,且作物在逆境条件下生理发育受阻,使旱期 PDT 小于正常条件,推测 k 值小于正常条件下 k

值。通过对单旱组和旱涝急转组旱期 k 值分布进行分析［见图 5-5（a）］,得到:①旱期 k 值分布范围为 0.4~1.1,与正常组相同;②DC 组、DFAA 组受旱期 k 平均值略低于 CK 组($\bar{k}=0.6$)。

通过实测资料推求旱期水分胁迫因子,得到不同受旱程度、时间 $f_1(\theta,t)$ 的变化规律［见图 5-5（b）~（d）］。从图 5-5（b）~（d）可以看到:①旱期 70% 田间持水量,$f_1(\theta,t)$ 平均值高于 CK 组,随着受旱时间的延长发生振荡;②旱期 60% 田间持水量,$f_1(\theta,t)$ 平均值略高于 CK 组,受旱初期(约 1 周)略低于 CK 组之后高于 CK 组;③旱期 50% 田间持水量,$f_1(\theta,t)$ 平均值低于 CK 组,受旱初期(约 1 周)有所提高但仍低于 CK 组。上述现象与 Manzoni 等（2011）的研究结论相一致。综合②③,旱期 50%~60% 田间持水量,可以得到为减少水分胁迫对作物的损害,DFAA 组前期受旱时间不宜太短。这与第 3 章产量的趋势图预测得到的结论一致。

5.3.2.2　旱期水分胁迫系数 $f_1(\theta,t)$ 的率定

图 5-5 中旱期 50%~60% 田间持水量条件下,除受旱初期(受旱 1 d)水分胁迫因子骤降,随受旱时间的延长,$f_1(\theta,t)$ 增大,且 $f_1(60\%,t)$ 斜率大于 $f(50\%,t)$,说明 $f_1(\theta,t)$ 与土壤相对湿度 RW、时间 t 均呈正相关。

$$f_1(\theta,t) = \begin{cases} 1.25 & \theta = 70\%\theta_{\text{fc}} \\ a\sum_1^t \text{RW} + b & 50\%\theta_{\text{fc}} \leq \theta \leq 60\%\theta_{\text{fc}} \end{cases} \quad (5\text{-}43)$$

$$\text{RW} = \frac{\theta - \theta_{\text{wp}}}{\theta_{\text{sat}} - \theta_{\text{wp}}} \quad (5\text{-}44)$$

式中,RW 为土壤相对湿度;θ 为土壤含水率;θ_{wp} 为凋萎含水率;θ_{sat} 为饱和含水率;θ_{fc} 为田持含水量。

利用 2018 年单旱组旱期 $f_1(\theta,t)$ 实测资料,将式（5-40）带入式（5-39）经过线性拟合求得 $a=0.27$、$b=0.67$($R^2=0.7148$)。

$$f_1(\theta,t) = \begin{cases} 1.25 & \theta = 70\%\theta_{\text{fc}} \\ 0.27\dfrac{\theta - \theta_{\text{wp}}}{\theta_{\text{sat}} - \theta_{\text{wp}}}t + 0.67 & 50\%\theta_{\text{fc}} \leq \theta \leq 60\%\theta_{\text{fc}} \end{cases} \quad (5\text{-}45)$$

5.3.3　受涝阶段 $f_2(h,t)$ 的变化规律分析及模拟

5.3.3.1　单涝组根系相对吸水量 S/S_{max} 及涝期 $\alpha(h)$、$f(L)$ 的变化规律

在不考虑前期旱胁迫作用的条件下,计算单涝组涝期水分胁迫因子 $\alpha(h)$

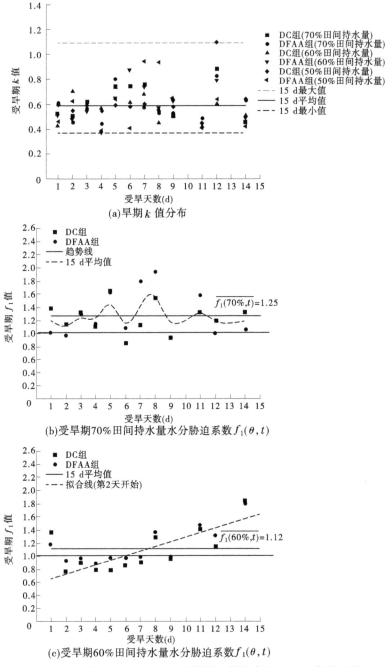

(a)旱期 k 值分布

(b)受旱期70%田间持水量水分胁迫系数 $f_1(\theta,t)$

(c)受旱期60%田间持水量水分胁迫系数 $f_1(\theta,t)$

图 5-5　2018 年 DC 组和 DFAA 组旱期 k 值分布及 $f_1(\theta,t)$ 变化规律

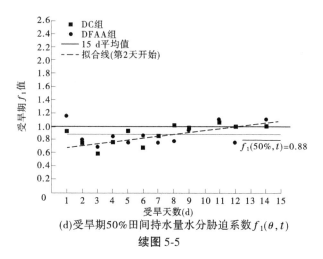

(d)受旱期50%田间持水量水分胁迫系数$f_1(\theta,t)$

续图 5-5

及涝期根长函数$f(L)$,计算结果见图 5-6。

对 2016~2018 年各处理组的根系相对吸水量进行分析可得:随着受涝程度的加深,根系相对吸水量在减少,但不同处理减小的程度不同,说明根系相对吸水量的减少不仅与受涝程度有关,还受到淹涝时间的影响[见图 5-7(a)~(c)]。

根据涝期水分胁迫因子$\alpha(h)$、根长函数$f(L)$、根系相对吸水量S/S_{max}的变化特征[见图 5-7(d)],得到:①半淹条件下,根系吸水能力未受到较大影响,与正常组相差不大;②3/4 淹涝及没顶淹涝条件下,随着淹涝时间的增加,根系吸水能力下降,原因是严重的淹涝胁迫迫使作物发生"生理干旱",地上部生长受到抑制,加之缺氧环境下,植物体内乙烯含量的增加,叶片卷曲、脱落,光合速率降低,使得地上部干物质量持续减少,单位根长的根系吸水量,特别是没顶淹涝一周以上(FC7、FC3)根系吸水能力下降至 50%。

5.3.3.2　涝期水分胁迫系数$f_2(h,t)$的率定

使用 2016~2018 年单涝组数据对涝期S/S_{max}与涝期淹没深度、时间的关系进行率定[见式(5-46)、图 5-8]。

$$\frac{S}{S_{max}} = f_2(h,t) = 1.1 - 0.04\sum_1^t h \tag{5-46}$$

5.3.4　复水阶段前期干旱、后期淹涝胁迫对干物质的影响及参数率定

5.3.4.1　前期干旱和后期淹涝胁迫对复水期干物质量的影响分析

根据 2016~2018 年试验资料,计算复水期 DC 组相对 CK 组干物质量以

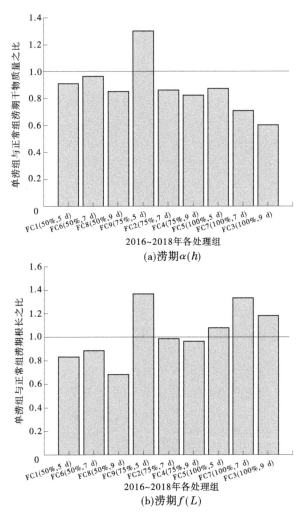

注:正常组干物质取用与涝期对应时期的干物质平均值。涝期根长函数采用根长相对值;
f(L) = 单涝组根长/正常组根长。

图 5-6　2016~2018 年涝期水分胁迫因子 α(h) 及涝期根长函数 f(L)

及复水期 DFAA 组相对 DC 组干物质量,得到前期干旱、后期淹涝对复水期干物质影响因子 $f_3(\theta,t)$、$f_3(h,t)$。从图 5-9 可以看到:①整体来说, $f_3(\theta,t)$、$f_3(h,t)$ 复水前、后期变化不大。②前期重旱严重影响复水期的干物质积累,DC7 甚至减少一半;随着前期受旱时间延长,复水期干物质有所恢复。③涝期

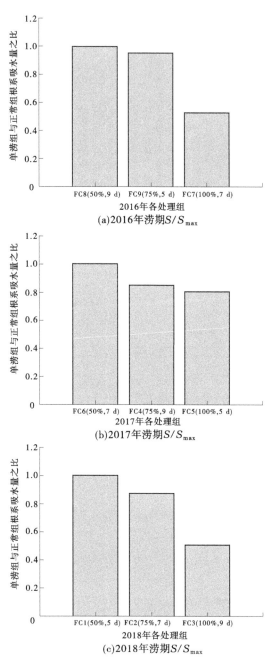

注:根系相对吸水量 $S/S_{max} \leqslant 1$;当 $S > S_{max}$ 时,取 $S = S_{max}$。

图 5-7　2016~2018 年涝期根系相对吸水量 S/S_{max} 及涝期 $\alpha(h) \sqrt{f(L)}$ 的变化规律

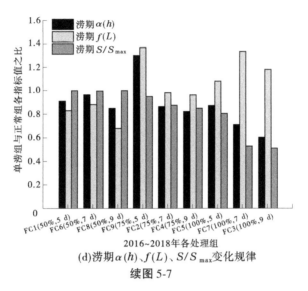

(d)涝期 $\alpha(h)$、$f(L)$、S/S_{max} 变化规律

续图 5-7

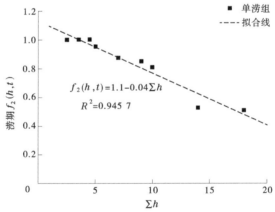

注:半淹、3/4 淹、全淹缺氧量成倍增加,涝胁迫加倍,即缺氧量越大,胁迫越严重。

图 5-8　单涝组涝期 $f_2(h,t)$ 与时间 t 内淹涝程度 h 的关系

随淹涝程度、时间的不断累加,干物质呈递减趋势;复水后期干物质变化相比复水前期趋于平缓,说明复水后期受涝胁迫的影响在逐渐减弱。

5.3.4.2　复水阶段旱、涝后效应影响因子 $f_3(\theta,t)$、$f_3(h,t)$ 的率定

由旱、涝阶段水分胁迫因子推求过程[见式(5-45)、式(5-46)]可知,受旱胁迫与土壤相对湿度 RW 和时间 t 有关,淹涝胁迫与淹没深度 h 和时间 t 有关,推测旱、涝影响因子 $f_3(\theta,t)$、$f_3(h,t)$ 与上述因素存在一定相关性。分别对复水前期、复水后期试验数据进行数值模拟,得到 $f_3(\theta,t)$、$f_3(h,t)$ 表达式

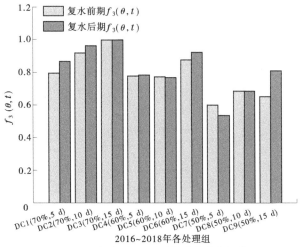

(a)DC组相对CK组干物质量变化规律

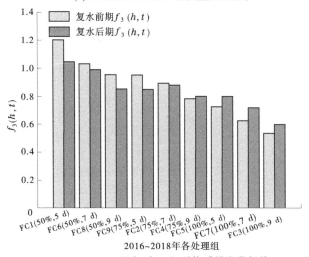

(b)DFAA组相对DC组干物质量变化规律

图 5-9　前期干旱和后期淹涝胁迫对复水期干物质量的影响

［见式（5-47）、式（5-48）及图 5-10］。

$$f_3(\theta, t) = 0.07 \sum_1^t \text{RW} + 0.6 \tag{5-47}$$

$$f_3(h, t) = 1.1 - 0.03 \sum_1^t h \tag{5-48}$$

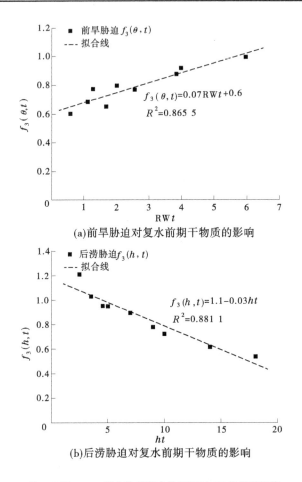

(a)前旱胁迫对复水前期干物质的影响

(b)后涝胁迫对复水前期干物质的影响

注:DC 组、DFAA 组均用复水阶段相对 CK 组的平均值

图 5-10　旱、涝影响因子 $f_3(\theta,t)$ 和 $f_3(h,t)$ 与时间 t 内旱、涝程度 RW 和 h 的关系

5.3.5　收获期前期干旱、后期淹涝胁迫对穗分配指数的影响及参数率定

5.3.5.1　前期干旱和后期淹涝胁迫对收获期穗分配指数的影响分析

根据 2016~2018 年试验资料,分别计算收获期 DC 组相对 CK 组及 DFAA 组相对 DC 组穗分配指数,得到前期干旱、后期淹涝胁迫对收获期穗分配指数影响因子 $f_4(\theta,t)$、$f_4(h,t)$。从图 5-11 可以看到:①前期轻度受旱有利于穗部干物质累积,60%~70%受旱条件下穗分配指数均高于 CK 组;随着受旱程度

的加深,干物质向穗部分配比例逐渐减少,重旱胁迫下分配指数仅为 CK 组的 80%。②后期涝胁迫阻碍了干物质向穗部转移,各处理组穗分配指数均低于 CK 组;随着淹涝程度、时间的累积,穗分配比例呈递减趋势,FC3 穗分配指数减少至 CK 组的 50%左右。

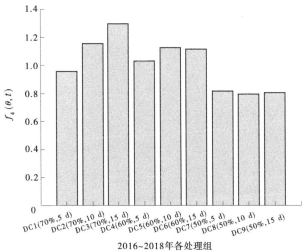

(a)DC组相对CK组穗分配指数变化规律

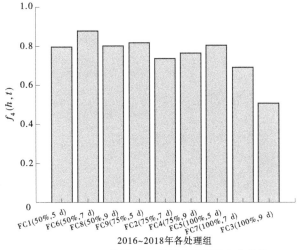

(b)DFAA组相对DC组穗分配指数变化规律

图 5-11　前期干旱和后期淹涝胁迫对收获期穗分配指数的影响

5.3.5.2　收获期旱、涝后效应影响因子 $f_4(\theta,t)$、$f_4(h,t)$ 的率定

对旱、涝影响因子 $f_4(\theta,t)$、$f_4(h,t)$ 与土壤相对湿度 RW、淹没深度 h 及时间 t 进行数值模拟,得到 $f_4(\theta,t)$、$f_4(h,t)$ 表达式[见式(5-49)、式(5-50)及图 5-12]。

$$f_4(\theta,t) = 0.091\ 1 \sum_1^t \mathrm{RW} + 0.780\ 5 \tag{5-49}$$

$$f_4(h,t) = -0.017\ 9 \sum_1^t h + 0.900\ 6 \tag{5-50}$$

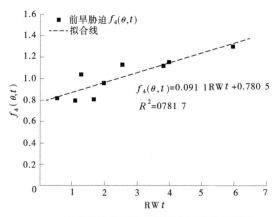

(a)前旱胁迫对收获期穗分配指数的影响

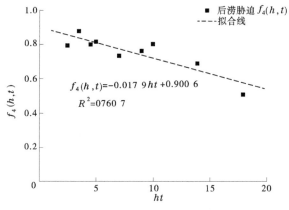

(b)后涝胁迫对收获期穗分配指数的影响

图 5-12　旱、涝影响因子 $f_4(\theta,t)$ 和 $f_4(h,t)$ 与时间 t 内旱、涝程度 RW 和 h 的关系

5.4　模型的验证

5.4.1　正常条件下光温效应系数、光合同化速率及干物质量的验证

以 2017 年数据作为验证组,模拟验证结果如图 5-13 所示,可以看到模拟效果总体较好($R^2 = 0.870\ 7$)。将模拟得到的正常条件下 k 值带入式(5-14),分别计算两年 CK 组光合同化速率,得到实测值与模拟值均匀地分布在 1∶1 线附近(见图 5-14),验证结果较好[2017 年,RMSE = 1.77 μmol/(m²·s),RE = 11.3%;2018 年,RMSE = 1.39 μmol/(m²·s),RE = 9.5%]。将式(5-4)带入式(5-3)即可得到气孔最优时的光合同化模型。

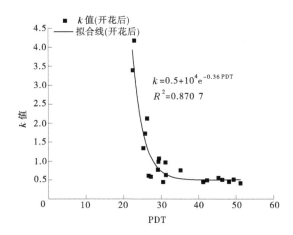

图 5-13　2017 年 CK 组 k 值验证结果

经验证,CK 组冠层总干物质量模拟效果较好(RMSE = 9.98 g,RE = 5.5%)(见图 5-15)。

5.4.2　受旱阶段 λ_D 及干物质量的验证

利用 2018 年旱涝急转组旱期 $f_1(\theta,t)$ 实测资料,求得受旱 50%~60%田间持水量条件下的 λ_D 值,对模型模拟结果进行精度检验,总体结果较好(RMSE = 419.94 μmol/mol,RE = 11.8%)(见图 5-16)。

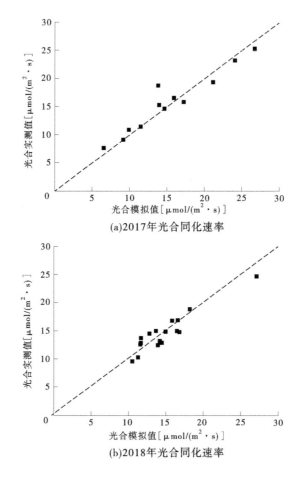

注：验证期属于日尺度，故采用光合测量对称时点的每日平均值。

图 5-14　2017～2018 年 CK 组光合同化速率验证结果

将 λ_D 带入光合同化模型，结合气孔、温度、湿度、CO_2 浓度、饱和水汽压等环境因子实测数据，即可得到受旱条件下基于气孔最优的光合同化模型。由式(5-15)、式(5-16)计算得到 DFAA1～DFAA3（仅 2018 年测量了受旱当期光合数据）不同旱涝阶段干物质生产过程，通过与实测值进行对比，结果显示模拟效果总体较好（RMSE = 22.55 g，RE = 13.5%）（见图 5-17）。

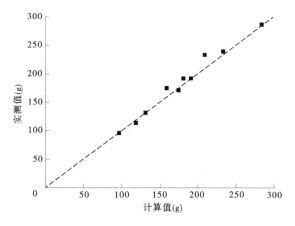

图 5-15　CK 组总干物质量验证结果

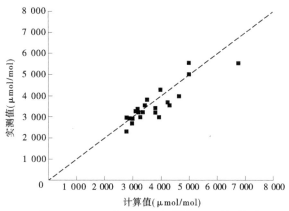

图 5-16　2018 年 DFAA 组旱期 λ_D 验证结果

5.4.3　受涝阶段干物质量的验证

受涝阶段验证组采用 2016~2018 年旱涝急转组数据,由于旱涝急转组涝期受到前期旱胁迫的影响,与单涝条件不同,需考虑旱涝交互作用,从公式推导过程[式(5-27)~式(5-29)]可以看出,单涝组与旱涝急转组两种条件下的根长函数不同,导致总干物质积累存在差异。对涝期 $S/S_{\max}$ 与涝期淹没深度、时间的关系[见式(5-42)]进行验证,模拟效果总体较好(RMSE = 23.94 g,RE = 15.4%)(见图 5-18)。

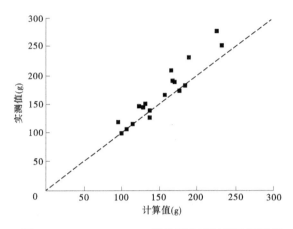

图 5-17   DFAA1~DFAA3 干物质生产过程验证结果

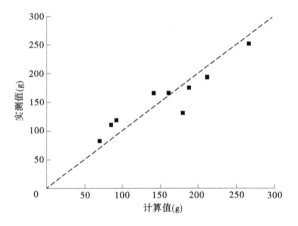

注:半淹、3/4 淹、全淹缺氧量成倍增加,涝胁迫加倍,即缺氧量越大,胁迫越严重。

图 5-18   2016~2018 年 DFAA 组涝期总干物质量验证结果

5.4.4   复水阶段 $f_3(\theta,t)$、$f_3(h,t)$ 及干物质量的验证

以复水后期干物质量为验证组,对旱、涝胁迫后效应影响因子 $f_3(\theta,t)$、$f_3(h,t)$ 的验证结果见图 5-19($R^2=0.745\,8$ 和 $R^2=0.814\,1$),进一步求得后效应影响因子 F,结合 CK 组复水期实测数据,最终可以得到 DFAA 组复水期干物质量。通过对 2016~2018 年 DFAA 组对整个复水期的干物质实测值进行精度检验,得到模拟效果总体较好(RMSE = 20.20 g,RE = 10.7%)(见

图 5-20）。

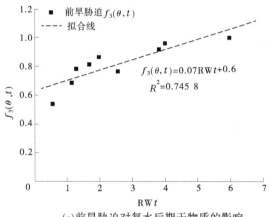

(a)前旱胁迫对复水后期干物质的影响

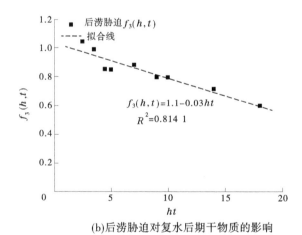

(b)后涝胁迫对复水后期干物质的影响

注:DC 组、DFAA 组均取用复水阶段相对 CK 组的平均值。

图 5-19　复水后期旱、涝影响因子 $f_3(\theta,t)$ 和 $f_3(h,t)$ 验证结果

5.4.5　收获期穗重的验证

通过对 2016~2018 年 DFAA 组收获期穗重进行精度检验,得到模型模拟效果总体较好(RMSE = 17.57 g,RE = 14.8%)(见图 5-21)。

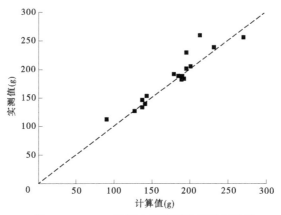

图 5-20　DFAA 组复水期总干物质验证结果

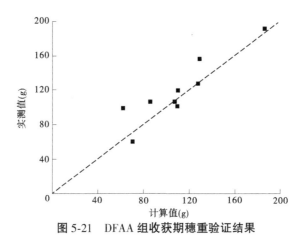

图 5-21　DFAA 组收获期穗重验证结果

5.5　旱涝急转条件下水稻产量预测

由于试验条件的限制,2016~2018 年于水稻拔节期分别进行一次旱涝急转,试验仅测量了 2016 年重旱胁迫组(DFAA7~DFAA9,DC7~DC9,FC7~FC9),2017 年中旱胁迫组(DFAA4~DFAA6,DC4~DC6,FC4~FC6),2018 年轻旱胁迫组(DFAA1~DFAA3,DC1~DC3,FC1~FC3)不同旱涝阶段的干物质量。应用验证后的模型可以求得 2016~2018 年旱涝急转各处理组(DFAA1~DFAA9)干物质量并与正常组对比,为干物质积累及产量差异性做出合理解释。以 2017 年、2018 年数据为例,分析旱涝胁迫对各处理组(DFAA1~

DFAA9) 干物质积累的交互作用并进行产量预测。

收获期穗重以及收获期总干物质的大小决定最终产量。应用旱涝急转下水稻光合生产与干物质积累模型计算 2017 年、2018 年 DFAA1～DFAA9 总干物质量;基于正常组分配指数,计算旱涝后效应影响因子,即可得到收获期穗分配指数和穗重(见图 5-22),忽略植株间个体差异,旱涝胁迫条件相同,各处理组不同年际间表现为线性相关。DFAA 组不同旱涝阶段总干物质量的积累过程及与正常组的比较见图 5-23、式(5-24)。

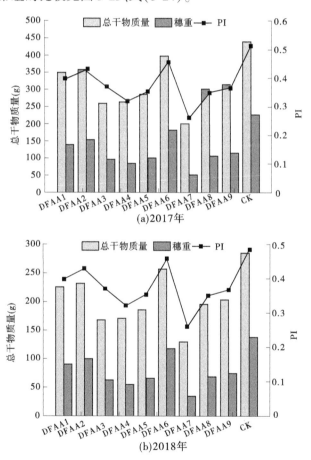

图 5-22　DFAA 组总干物质量、穗重和分配指数 PI

从图 5-22 可以看到,两年 DFAA6 穗重(包括实粒重、秕粒重、穗部小枝梗重)最大,DFAA3、DFAA4、DFAA7 相对于正常组减少最多(2018 年减少率均

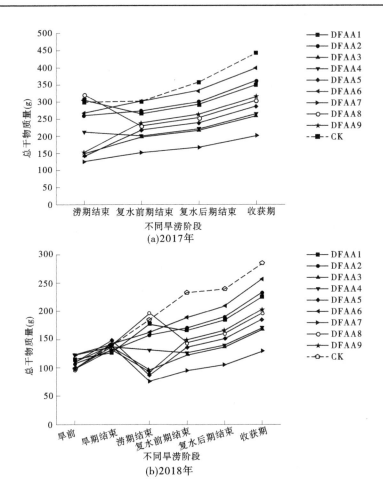

图 5-23　DFAA 组不同旱涝阶段总干物质量的积累过程

超过 50%),其中 DFAA7 削减最为严重,与第 2 章产量(实粒重)结果一致。
进一步分析旱涝急转组干物质积累过程,DFAA 组总干物质在涝期均发生了
较大损伤,复水后缓慢生长,但仍低于正常组(见图 5-23)。水稻由旱转涝后
干物质积累过程异于正常条件,其中 DFAA6 由旱转涝干物质减少量不大,复
水前期发生补偿,与正常组差异最小,DFAA7 由旱转涝干物质有较大削减,复
水后生长停滞,导致收获期总干物质低于正常组且低于其他处理(见图 5-24),可
见产量的形成与旱、涝交互作用对干物质积累的影响有关。

　　从图 5-24 可以看到旱涝急转组(各处理平均值)干物质量除旱前略高于

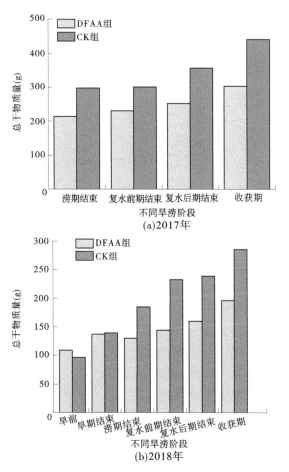

图 5-24　DFAA 组不同旱涝阶段总干物质量与正常组的比较

正常组(可能与旱前预处理有关,受旱前期控水是为了使土壤含水率达到设定值),其余各旱涝阶段均低于正常组,说明旱涝胁迫对总干物质的积累均具有削减作用。2017 年涝期结束、复水前期结束、复水后期结束及收获期旱涝急转组比正常组分别降低了 28.10%、23.47%、28.93%、31.18%;2018 年旱期结束、涝期结束、复水前期结束、复水后期结束及收获期旱涝急转组比正常组分别降低了 1.56%、29.38%、38.17%、33.05%、31.18%。可见旱、涝当期削减了干物质量,并且 2018 年涝期结束时总干物质量(130.44 g)甚至低于旱期结束时的总干物质量(137.56 g),复水期受到前期旱涝急转胁迫作用相比正常组减少率超过 50%,说明前期干旱和后期淹涝交互作用对涝期、复水期总干物质积累均表现为叠加削减。旱涝急转组总干物质量减少的原因可能是前期干旱抑制了根系活力,后期淹涝条件下植株长期处于缺氧状态,水下光强不足,O_2、CO_2 等气体扩散率受阻使得光合速率减小,营养生长与生殖生长受到抑制,细胞膜损伤,更加剧了旱条件下细胞生理活性降低,加速了各器官的分解。

5.6　本章小结

将旱涝急转下干物质生产过程分解为旱期、涝期、复水期,不同旱涝阶段采用不同的模拟方法,建立了旱涝急转下水稻光合生产与干物质积累模型,通过标准误差法 RMSE 及相对误差法 RE 对模型计算结果进行验证,得到模拟效果总体较好。

首次将气孔调控最优化理论引入旱涝急转下水稻光合生产及干物质积累模型。由于气孔导度斜率 g_1 在开花前、开花后对光热的反应不同,引入 k 值并建立其与生理发育日 PDT 的数值关系定量化表征这一特点,将叶尺度光合模型上升为日尺度。

模型中为了模拟旱涝胁迫对干物质量的影响,将旱、涝程度与持续时间分为四个维度,认为旱、涝程度具有时间上的累积效应。尝试建立旱涝急转前期干旱胁迫的相对边际水分利用率与受旱程度及时间二维变量的数值关系,以及后期淹涝胁迫的根系相对吸水量与受涝程度及时间二维变量的数值关系。旱涝胁迫增加时间尺度的考量是对传统的旱涝修正模型重要的补充。

基于模型分析了旱、涝胁迫交互作用对干物质积累的影响,得到前期干旱和后期淹涝交互作用对涝期、复水期总干物质积累均表现为叠加削减。计算旱涝急转组收获期总干物质以及穗重,得到 DFAA6 穗重(包括实粒重、秕粒重、穗部小枝梗重)最大,DFAA3、DFAA4、DFAA7 相对于正常组减少最多(2018 年减少率均超过 50%),其中 DFAA7 削减最为严重,与第 2 章产量(实粒重)结果一致。进一步分析得到产量的形成与旱、涝交互作用对干物质积累的影响有关。

附　录

主要符号说明：

g_s——气孔导度，$mol/(m^2 \cdot s)$；

g_0——净光合速率为 0 时的残余气孔导度，$mol/(m^2 \cdot s)$；

g_1——气孔导度斜率；

g_{smax}——最大气孔导度，$mol/(m^2 \cdot s)$；

VPD——叶面饱和水汽压差，kPa；

P——大气压强，kPa；

D——饱和水汽压差，kPa；

A——净光合同化速率，$\mu mol/(m^2 \cdot s)$；

A_c——冠层净光合速率，$\mu mol/(m^2 \cdot s)$；

A_n——单叶净光合速率，$\mu mol/(m^2 \cdot s)$；

LAI——叶面积指数；

S——测桶面积，$0.096\ 2\ m^2$；

DL——观测期每日时长，h；

$CF_{(CO_2)}$——CO_2 摩尔质量，$44\ g/mol$；

$CF_{(CH_2O)}$——碳同化过程中 CH_2O 转化系数，$30/44$；

G_p——冠层日累积光合量，g；

G_{p-FC}——涝期干物质量，g；

G_{p-CK}——与涝期对应的正常组干物质量，g；

$G_{p-DFAA(F)}$——旱涝急转组涝期干物质量，g；

G_{p-DC}——单旱组复水期干物质量，g；

$\alpha(h)$——淹涝对水稻干物质量的影响因子；

C_a——环境 CO_2 浓度，ppm；

C_s——叶面 CO_2 浓度，$\mu mol/mol$；

C_0——参考 CO_2 浓度值（$C_0 = 400\ \mu mol/mol$），$\mu mol/mol$；

C_i——胞间 CO_2 浓度，ppm；

Γ^*——CO_2 补偿点，$\mu mol/mol$；

Γ_{25}^*——25 ℃时不含暗呼吸的 CO_2 补偿点，$\Gamma_{25}^* = 42.75$ μmol/mol；

λ——边际水分利用效率，μmol/mol；

λ_{max}——充分灌水条件下的边际水分利用率，μmol/mol；

$1/\lambda_{max}$——充分灌水条件下的碳同化边际水分消耗，mol/μmol；

$1/\lambda_D$——受旱条件的碳同化边际水分消耗，mol/μmol；

$1/\lambda_{CK}$——正常条件的碳同化边际水分消耗，mol/μmol；

Q——光合有效辐射，μmol/($m^2 \cdot s$)；

T_1——叶面温度，℃；

$\delta\theta$——土壤水分亏缺状况；

$\delta\theta_m$——土壤最大缺水量；

θ——根区土壤体积含水量，m^3/m^3；

θ_{wp}——凋萎含水量，m^3/m^3；

θ_{fc}——田间持水量，m^3/m^3；

θ_{sat}——饱和含水量，m^3/m^3，

Ψ_{pd}——黎明期叶水势值，MPa；

Ψ_{min}——黎明期叶水势最小值，MPa；

Ψ_L——叶水势值，MPa；

Ψ_{Lmax}——边际水分利用效率最大时的叶水势值，MPa；

PDT——生理发育时间；

T_{act}——作物实际蒸腾量，mm/d；

T_{pot}——作物潜在蒸腾量，mm/d；

S——根系吸水量，mm/d；

S_{max}——根系潜在吸水量，mm/d；

h_0——浅层积水，cm；

h_{aer}——耐淹水深(根据《灌溉与排水工程设计标准》(GB 50288—2018) 水稻拔节孕穗期、抽穗开花期耐淹水深均为 10 cm)，cm；

h——淹没深度，cm；

H——株高(试验测得水稻分蘖期、拔节期、抽穗期株高约 50 cm、90 cm、110 cm)，cm；

L——根系长度，cm；

RW——土壤相对湿度；

F_G——复水期后效应影响因子；

F_{PI}——收获期后效应影响因子；

$f(L)$——涝期根长函数；

$f'(L)$——旱涝急转组涝期根长函数；

$f(\theta)$——水分胁迫影响因子；

$f(\theta,t)$——旱胁迫因子；

$f(h,t)$——涝胁迫因子；

$f_1(\theta,t)$——旱胁迫系数，是受旱程度、时间的函数，值越小受旱胁迫越严重；

$f_2(h,t)$——受涝程度、时间的函数；

$f_3(\theta,t)$和$f_3(h,t)$——前期受旱涝程度、时间的函数；

$f_4(\theta,t)$和$f_4(h,t)$——前期受旱涝程度、时间的函数。

参 考 文 献

白慧东, 2008. 株行配置对膜下滴灌棉花根系生长的影响及与土壤水分关系的研究 [D]. 石河子:石河子大学.

蔡昆争, 吴学祝, 骆世明, 2008. 不同生育时期土壤干旱后复水对水稻生长发育的补偿效应[J]. 灌溉排水学报, 27(5): 34-36.

曹云英, 2009. 高温对水稻产量与品质的影响及其生理机制[D]. 扬州:扬州大学.

陈灿, 胡铁松, 高芸, 等, 2018. 关于水稻灌区旱涝急转定义的探讨[J]. 中国农村水利水电(7): 56-61.

陈建林, 姚鑫锋, 杨娟, 等, 2015. 高温对水稻籽粒产量和品质影响的研究进展[J]. 上海农业学报(1): 106-109.

程伦国, 王修贵, 朱建强, 等, 2006. 多过程连续涝渍胁迫对棉花产量的影响[J]. 中国农村水利水电(8): 59-61.

程晓峰, 2017. 旱涝急转条件下水稻响应规律与水分生产函数研究[D]. 武汉:武汉大学.

程智, 徐敏, 罗连升, 等, 2012. 淮河流域旱涝急转气候特征研究[J]. 水文, 32(1): 73-79.

崔国贤, 沈其荣, 崔国清, 等, 2001. 水稻旱作及对旱作环境的适应性研究进展[J]. 作物研究, 15(3): 70-76.

崔远来, 茆智, 李远华, 2002. 水稻水分生产函数时空变异规律研究[J]. 水科学进展, 13(4): 484-491.

邓艳, 钟蕾, 陈小荣, 等, 2017. 穗分化期旱涝急转对超级杂交早稻产量和生理特性的影响[J]. 核农学报, 31(4): 768-776.

丁友苗, 黄文江, 王纪华, 等, 2002. 水稻旱作对产量和产量构成因素的影响[J]. 干旱地区农业研究, 20(4): 50-54.

段素梅, 杨安中, 黄义德, 等, 2014. 干旱胁迫对水稻生长、生理特性和产量的影响[J]. 核农学报, 28(6): 1124-1132.

范嘉智, 王丹, 胡亚林, 等, 2016. 最优气孔行为理论和气孔导度模拟[J]. 植物生态学报, 40(6): 631-642.

高芸, 胡铁松, 袁宏伟, 等, 2017. 淮北平原旱涝急转条件下水稻减产规律分析[J]. 农业工程学报, 33(21): 128-136.

郭惠, 马均, 李树杏, 等, 2013. 孕穗期水分胁迫对水稻部分生理特性与产量补偿效应的研究[J]. 南方农业学报, 44(9): 1448-1454.

国家统计局,2021. 中国统计年鉴[M]. 北京:中国统计出版社.

郭美辰,胡卓玮,2012. 环境减灾卫星快速提取植被供水指数产品的方法研究[J]. 安徽农业科学(6):3770-3772,3826.

郭相平,李小朴,陆红飞,等,2015a. 水稻分蘖期旱涝交替胁迫对干物质累积及氮素吸收的影响[J]. 灌溉排水学报,34(2):20-24.

郭相平,杨骕,王振昌,等,2015b. 旱涝交替胁迫对水稻产量和品质的影响[J]. 灌溉排水学报,34(1):13-16.

郭相平,袁静,郭枫,等,2008. 旱涝快速转换对分蘖后期水稻生理特性的影响[J]. 河海大学学报(自然科学版),36(4):516-519.

郭相平,甄博,陆红飞,2013. 水稻旱涝交替胁迫叠加效应研究进展[J]. 水利水电科技进展,33(2):83-86.

韩文娇,白林利,李昌晓,等,2016. 前期水淹对牛鞭草后期干旱胁迫光合生理响应的影响[J]. 生态学报,36(18):5712-5724.

郝树荣,郭相平,张展羽,2009. 作物干旱胁迫及复水的补偿效应研究进展[J]. 水利水电科技进展,29(1):81-84.

贺红,2009. 干旱胁迫对水稻育性和抽穗影响的研究[D]. 南京:南京农业大学.

侯加林,2005. 温室番茄生长发育模拟模型的研究[D]. 北京:中国农业大学.

胡继超,曹卫星,姜东,等,2004a. 小麦水分胁迫影响因子的定量研究 I. 干旱和渍水胁迫对光合、蒸腾及干物质积累与分配的影响[J]. 作物学报,30(4):315-320.

胡继超,姜东,曹卫星,等,2004b. 短期干旱对水稻叶水势、光合作用及干物质分配的影响[J]. 应用生态学报,15(1):63-67.

湖北省水利委员会,2000. 湖北省水利志[M]. 北京:中国水利水电出版社.

黄仕峰,2007. 水稻水位生产函数的试验研究[D]. 南京:河海大学.

姬静华,霍治国,唐力生,等,2016. 早稻灌浆期淹水对剑叶理化特性及产量和品质的影响[J]. 中国水稻科学,30(2):181-192.

纪莎莎,2017. 基于作物叶片尺度水分高效利用的气孔最优调控机理研究与应用[D]. 北京:中国农业大学.

李杰,张洪程,常勇,等,2011. 不同种植方式水稻高产栽培条件下的光合物质生产特征研究[J]. 作物学报,37(7):1235-1248.

李迅,袁东敏,尹志聪,等,2014. 2011年长江中下游旱涝急转成因初步分析[J]. 气候与环境研究,19(1):41-50.

李阳生,彭凤英,李达模,等,2001. 杂交水稻苗期耐淹特性及其与亲本的关系[J]. 杂交水稻,16(2):50-53.

李玉昌,李阳生,李绍清,1998. 淹涝胁迫对水稻生长发育危害与耐淹性机理研究的进展[J]. 中国水稻科学,12:70-76.

廖桂平,官春云,黄璜,1998. 作物生长模拟模型研究概述[J]. 作物研究(3):45-48.

林忠辉，莫兴国，项月琴，2003. 作物生长模型研究综述[J]. 作物学报，29(5)：750-758.

蔺万煌，孙福增，彭克勤，等，1997. 洪涝胁迫对水稻产量及产量构成因素的影响[J]. 湖南农业大学学报，22(1)：53-57.

刘建华，2009. 陇东旱塬冬小麦、玉米生产潜力估算指标研究[D]. 兰州：甘肃农业大学.

刘凯，张耗，张慎凤，等，2008. 结实期土壤水分和灌溉方式对水稻产量和品质的影响及其生理原因[J]. 作物学报，34(2)：268-276.

陆魁东，宁金花，解娜，等，2015. 淹涝胁迫对水稻形态的影响[J]. 湖南农业大学学报(自然科学版)，41(1)：18-23.

茆智，崔远来，李新健，1994. 我国南方水稻水分生产函数试验研究[J]. 水利学报(9)：21-31.

梅少华，梅金先，陈兴国，等，2011. 洪涝灾害对水稻生产的影响评估及抗灾对策研究[J]. 作物杂志，27(2)：89-93.

梅旭荣，康绍忠，于强，等，2013. 协同提升黄淮海平原作物生产力与农田水分利用效率途径[J]. 中国农业科学，46(6)：1149-1157.

缪子梅，俞双恩，卢斌，等，2013. 基于结构方程模型的控水稻"需水量−光合量−产量"关系研究[J]. 农业工程学报(6)：91-98.

莫春华，2012. 涝渍胁迫下的作物水分生产函数[J]. 南水北调与水利科技(6)：27-30.

宁金花，霍治国，黄晚华，等，2014a. 抽穗扬花期淹涝胁迫对杂交稻的影响[J]. 中国农学通报，30(9)：71-76.

宁金花，霍治国，龙志长，等，2013. 淹涝胁迫条件对水稻形态的试验研究初报[J]. 中国农学通报，29(27)：24-29.

宁金花，陆魁东，霍治国，等，2014b. 拔节期淹涝胁迫对水稻形态和产量构成因素的影响[J]. 生态学杂志，33(7)：1818-1825.

牛俊义，闫志利，林瑞敏，等，2009. 干旱胁迫及复水对豌豆叶片内源激素含量的影响[J]. 干旱地区农业研究(6)：154-159.

彭世彰，蔡敏，孔伟丽，等，2012. 不同生育阶段水分亏缺对水稻干物质与产量的影响[J]. 水资源与水工程学报，23(1)：10-13.

彭友林，陈敬，邹挺，等，2019. 杂交水稻亲本材料的产量主成分分析及品质鉴定[J]. 云南大学学报(自然科学版)，41(1)：181-193.

钱龙，王修贵，罗文兵，等，2015. 涝渍胁迫对棉花形态与产量的影响[J]. 农业机械学报(10)：136-143.

钱龙，王修贵，罗文兵，等，2013. 涝渍胁迫条件下 Morgan 模型的试验研究[J]. 农业工程学报，29(16)：92-101.

闪丽洁, 张利平, 张艳军, 等, 2018. 长江中下游流域旱涝急转事件特征分析及其与 ENSO 的关系[J]. 地理学报, 73(1): 25-40.

邵玺文, 刘红丹, 杜震宇, 等, 2007. 不同时期水分处理对水稻生长及产量的影响[J]. 水土保持学报, 21(1): 193-196.

邵玺文, 阮长春, 赵兰坡, 等, 2005. 分蘖期水分胁迫对水稻生长发育及产量的影响[J]. 吉林农业大学学报, 27(1): 6-10.

邵玺文, 张瑞珍, 齐春艳, 等, 2004. 拔节孕穗期水分胁迫对水稻生长发育及产量的影响[J]. 吉林农业大学学报, 26(3): 237-241.

邵长秀, 潘学标, 李家文, 等, 2019. 不同生育阶段洪涝淹没时长对水稻生长发育及产量构成的影响[J]. 农业工程学报, 35(3): 125-133.

沈荣开, 王修贵, 张瑜芳, 等, 1999. 涝渍排水控制指标的初步研究[J]. 水利学报(3): 72-75.

施汶好, 2011. 600 年以来巢湖流域水旱灾害研究[D]. 上海: 上海师范大学.

史文娟, 康绍忠, 宋孝玉, 2004. 棉花调亏灌溉的生理基础研究[J]. 干旱地区农业研究, 22(3): 91-95.

侍永乐, 2016. 涝害对水稻生长发育过程及产量构成的影响研究[D]. 南京: 南京信息工程大学.

孙忠富, 陈人杰, 2002. 温室作物模型研究基本理论与技术方法的探讨[J]. 中国农业科学, 35(3): 320-324.

汤广民, 1999. 以涝渍连续抑制天数为指标的排水标准试验研究[J]. 水利学报(4): 25-29.

唐加红, 2011. 稀土和 NO 对干旱胁迫下小麦抗氧化系统的影响[D]. 南京: 南京师范大学.

唐卫东, 李萍萍, 胡雪华, 等, 2011. 基于生长模型的温室虚拟黄瓜构建研究[J]. 计算机应用研究, 28(10): 3957-3959, 3966.

田志环, 2008. 淹涝胁迫对水稻影响的研究进展[J]. 安徽农业科学, 36(1): 143-145.

汪妮娜, 黄敏, 陈德威, 等, 2013. 不同生育期水分胁迫对水稻根系生长及产量的影响[J]. 热带作物学报, 34(9): 1650-1656.

王斌, 周永进, 许有尊, 等, 2014. 不同淹水时间对分蘖期中稻生育动态及产量的影响[J]. 中国稻米, 20(1): 68-72.

王成瑷, 王伯伦, 张文香, 等, 2008. 干旱胁迫时期对水稻产量及产量性状的影响[J]. 中国农学通报, 2: 160-166.

王贺正, 徐国伟, 马均, 等, 2009. 水分胁迫对水稻生长发育及产量的影响[J]. 中国种业, 1: 47-49.

王会肖, 刘昌明, 2003. 作物光合、蒸腾与水分高效利用的试验研究[J]. 应用生态学报, 14(10): 1632-1636.

王矿, 王友贞, 汤广民, 2014. 分蘖期水稻对淹水胁迫的响应规律研究[J]. 灌溉排水学报, 33(6): 58-60, 91.

王矿, 王友贞, 汤广民, 2015. 水稻拔节孕穗期淹水对产量要素的影响[J]. 灌溉排水学报, 34(9): 40-43.

王矿, 王友贞, 汤广民, 2016. 水稻在拔节孕穗期对淹水胁迫的响应规律[J]. 中国农村水利水电, 58(9): 81-87.

王昆, 莫兴国, 林忠辉, 等, 2010. 植被界面过程(VIP)模型的改进与验证[J]. 生态学杂志, 29(2): 387-394.

王嫔, 俞双恩, 张春晓, 2016. 水稻旱涝胁迫条件下的 Morgan 模型研究[J]. 灌溉排水学报, 35(5): 62-66.

王胜, 田红, 丁小俊, 等, 2009. 淮河流域主汛期降水气候特征及"旱涝急转"现象[J]. 中国农业气象, 30(1): 31-34.

王维, 蔡一霞, 张祖建, 等, 2005. 结实期低土水势对水稻强弱势灌浆特性及主要米质性状的影响[J]. 中国农学通报, 21(9): 170-183.

王维, 张建华, 杨建昌, 等, 2004. 水分胁迫对贪青迟熟水稻茎贮藏碳水化合物代谢及产量的影响[J]. 作物学报, 30(3): 196-204.

王修贵, 沈荣开, 王友贞, 等, 1999. 受渍条件下作物水分生产函数的田间试验研究[J]. 水利学报(8): 41-46.

王旭一, 魏克礼, 徐婷婷, 2011. 水分对小麦生理生化特性、产量及品质的影响研究进展[J]. 园艺与种苗(3): 124-126.

王仰仁, 雷志栋, 1997. 冬小麦水分敏感指数累积函数研究[J]. 水利学报(5): 28-35.

王艺陶, 2009. 不同冬小麦品种对干旱胁迫的生理响应研究[D]. 乌鲁木齐:新疆农业大学.

王玉纯, 2015. 基于 NPP 的春小麦估产及不确定性研究——以甘肃省白银区为例[D]. 兰州:西北师范大学.

王振昌, 郭相平, 杨静晗, 等, 2016. 旱涝交替胁迫对水稻干物质生产分配及倒伏性状的影响[J]. 农业工程学报, 32(24): 114-123.

魏征, 彭世彰, 孔伟丽, 等, 2010. 生育中期水分亏缺复水对水稻根冠及水肥利用效率的补偿影响[J]. 河海大学学报(自然科学版), 38(3): 322-326.

温季, 王少丽, 王修贵, 2000. 农业涝渍灾害防御技术[M]. 北京:中国农业科技出版社.

吴灏, 2018. 旱涝胁迫对棉花生长和产量的影响及模拟[D]. 武汉:武汉大学.

吴启侠, 杨威, 朱建强, 等, 2014. 杂交水稻对淹水胁迫的响应及排水指标研究[J].

长江流域资源与环境, 23(6): 875-882.

吴志伟, 李建平, 何金海, 等, 2006. 大尺度大气环流异常与长江中下游夏季长周期旱涝急转[J]. 科学通报, 51(14): 1717-1724.

夏石头, 彭克勤, 曾可, 2000. 水稻涝害生理及其与水稻生产的关系[J]. 植物生理学报, 6(36): 581-588.

熊强强, 沈天花, 钟蕾, 等, 2017a. 分蘖期和幼穗分化期旱涝急转对超级杂交早稻产量和品质的影响[J]. 灌溉排水学报, 36(10): 40-45.

熊强强, 钟蕾, 陈小荣, 等, 2017b. 穗分化期旱涝急转对双季超级杂交稻叶片稳定性 $\delta^{13}C$ 和 $\delta^{15}C$ 同位素比值的影响[J]. 核农学报, 31(3): 559-565.

熊强强, 钟蕾, 沈天花, 等, 2017c. 穗分化期旱涝急转对双季超级杂交稻物质积累和产量形成的影响[J]. 中国农业气象, 38(9): 597-608.

徐涌, 2004. 水稻水氮耦合生理效应分析[D]. 杭州: 浙江大学.

许大全, 2002. 光合作用效率[M]. 上海: 上海科学技术出版社: 163-170.

宣守丽, 石春林, 张建华, 等, 2013. 分蘖期淹水胁迫对水稻地上部物质分配及产量构成的影响[J]. 江苏农业学报, 29(6): 1199-1204.

闫小红, 尹建华, 段世华, 等, 2013. 四种水稻品种的光合光响应曲线及其模型拟合[J]. 生态学杂志, 32(3): 604-610.

杨建昌, 徐国伟, 王志琴, 等, 2004. 旱作水稻结实期茎中碳同化物的运转及其生理机制[J]. 作物学报, 30(2): 108-114.

杨京平, 王兆骞, 1999. 作物生长模拟模型及其应用[J]. 应用生态学报, 10(4): 501-505.

杨文文, 张学培, 王洪英, 2006. 晋西黄土区刺槐蒸腾、光合与水分利用的试验研究[J]. 水土保持研究, 13(1): 72-75.

叶芳毅, 李忠武, 李裕元, 等, 2009. 水稻生长模型发展及应用研究综述[J]. 安徽农业科学, 37(1): 85-89.

叶子飘, 2010. 光合作用对光和 CO_2 响应模型的研究进展[J]. 植物生态学报, 34(6): 727-740.

叶子飘, 康华靖, 陶月良, 等, 2011. 不同模型对黄山栾树快速光曲线拟合效果的比较[J]. 生态学杂志, 30(8): 1662-1667.

叶子飘, 于强, 2009. 光合作用对胞间和大气 CO_2 响应曲线的比较[J]. 生态学杂志, 28(11): 2233-2238.

于艳梅, 李芳花, 连萍, 等, 2018. 淹涝胁迫对拔节期水稻生长影响的研究[J]. 水资源与水工程学报, 29(6): 240-244.

宇振荣, 1994. 作物生长模拟模型研究和应用[J]. 生态学杂志, 13(1): 69-73.

袁东敏, 李强, 庄婧, 等, 2012. 2011年长江中下游"旱涝急转"现象初步分析[J]// 第29届中国气象学会年会论文集: 1-8.

张凤莲, 董文琦, 岳增良, 等, 2011. 内源激素对作物高效用水的调控机理研究进展 [C]//中国农学通报(7): 6-10.

张建华, 2013. 水稻生长过程对涝害的响应与恢复模型研究[D]. 福州: 福建农林大学.

张均华, 刘建立, 张佳宝, 2012. 作物模型研究进展[J]. 土壤, 44(1): 1-9.

张明达, 胡雪琼, 朱涯, 等, 2017. 基于生理发育时间的水稻发育期预测方法[J]. 中国农学通报, 33(29): 25-30.

张屏, 汪付华, 吴忠连, 等, 2008. 淮北市旱涝急转型气候规律分析[J]. 水利水电快报(S1): 139-140,151.

张瑞珍, 邵玺文, 童淑媛, 等, 2006. 开花期水分胁迫对水稻产量构成及产量的影响 [J]. 吉林农业大学学报, 28(1): 1-3,7.

张世乔, 王瑞峥, 江洪, 等, 2018. 中国水稻产量受水分胁迫影响的 Meta 分析[J]. 江苏农业科学, 46(18): 51-54.

张蔚榛, 张瑜芳, 沈荣开, 1997. 小麦受渍抑制天数指标的探讨[J]. 武汉大学学报工学版(5): 1-5.

张艳贵, 宁金花, 谢娜, 等, 2014. 分蘖期淹涝胁迫对水稻形态及产量的影响[J]. 湖南农业科学(7): 14-17.

张玉屏, 朱德峰, 林闲青, 等, 2005. 不同时期水分胁迫对水稻生长特性和产量形成的影响[J]. 干旱地区农业研究, 2:48-53.

张玉顺, 路振广, 张湛, 2003. 作物水分生产函数 Jensen 模型中有关参数在年际间确定方法[J]. 节水灌溉(6): 4-6,45.

赵步洪, 杨建昌, 朱庆森, 等, 2004a. 水分胁迫对两系杂交稻籽粒充实的影响[J]. 扬州大学学报(农业与生命科学版), 25(2): 11-16.

赵步洪, 叶玉秀, 陈新红, 等, 2004b. 结实期水分胁迫对两系杂交稻产量及品质的影响[J]. 扬州大学学报(1): 46-50.

赵启辉, 2013. 分蘖期淹涝胁迫对水稻农艺和品质性状及生理特性的影响[D]. 南昌: 江西农业大学.

钟蕾, 汤国平, 陈小荣, 等, 2016. 旱涝急速转换对超级杂交晚稻秧苗素质及叶片内源激素水平的影响[J]. 江西农业大学学报, 38(4): 593-600.

周广生, 徐才国, 靳德明, 等, 2005. 分蘖期节水处理对水稻生物学特性的影响[J]. 中国农业科学, 38(9): 1767-1773.

周磊, 甘毅, 欧晓彬, 等, 2011. 作物缺水补偿节水的分子生理机制研究进展[J]. 中国生态农业学报, 19(1): 217-225.

朱建强, 李靖, 2006. 多个涝渍过程连续作用对棉花的影响[J]. 灌溉排水学报(3): 70-74.

朱建强, 欧光华, 张文英, 等, 2003. 棉花花铃期涝渍相随对棉花产量的试验研究 [J]. 农业工程学报(4): 80-83.

Akhtar I, Nazir N, 2013. Effect of waterlogging and drought stress in plants[J]. International Journal of Water Resources and Environmental Sciences, 2(2): 34-40.

Anderegg W R L, Wolf A, Arango-Velez A, et al., 2017. Plant water potential improves prediction of empirical stomatal models[J]. Plos One, 12(10).

Arneth Almut, Lloyd J, Santruckova H, et al., 2002. Response of central siberian scots pine to soil water deficit and long-term trends in atmospheric CO_2 concentration[J]. Global Biogeochemical Cycles, 16(1).

Awada T, Radoglou K, Fotelli M N, et al., 2003. Ecophysiology of seedlings of three Mediterranean pine species in contrasting light regimes[J]. Tree Physiology, 23: 33-41.

Baly E C, 1935. The kinetics of photosynthesis[J]. Proceedings of the Royal Society of London Series B(Biological Sciences), 117: 218-239.

Barnabas B, Jaeger K, Feher A, 2008. The effect of drought and heat stress on reproductive processes in cereals[J]. Plant Cell And Environment, 31(1): 11-38.

Bassman J, Zwier J C, 1991. Gas exchange characteristics of populus trichocarpa, populus deltoids and populus trichocarpa p. deltoids clone[J]. Tree Physiology, 8: 145-159.

Bernacchi C J, Singsaas E L, Pimentel C, et al., 2001. Improved temperature response functions for models of rubisco-limited photosynthesis[J]. Plant, Cell & Environment, 24: 253-259.

Bhatia D, Joshi S, Das A, 2017. Introgression of yield component traits in rice (Oryza sativa ssp. indica) through interspecific hybridization[J]. Crop Science, 57(3): 1557-1573.

Blackman F F, 1905. Optima and limiting factors[J]. Annals of Botany, 19: 281-295.

Bodner G, Nakhforoosh A, Kaul H P, 2015. Management of crop water under drought: a review[J]. Agronomy For Sustainable Development, 35(2): 401-442.

Bouman B M, Kropff M J, Tuong T P, et al., 2001. ORYZA2000 modeling lowland rice [J]. Los Baños (Philippines): International Rice Research Institute, and Wageningen: Wageningen University and Research Centre.

Cai S Q, Xu D Q, 2000. Relationship between the CO_2 compensation point and photorespiration in soybean leaves[J]. Acta Phytophysiologica Sinica, 26, 545-550.

Cannell R Q, Belford R K, Gales K, et al., 1984. Effects of waterlogging and drought on winter wheat and winter barley grown on a clay and a sandy loam soil: I. Crop growth and yield [J]. Plant and Soil, 80: 53-66.

Cannell R Q, Belford R K, Gales K, et al., 1980. Effects of waterlogging at different stages of development on the growth and yield of winter wheat[J]. Journal of the Science of Food and Agriculture, 31: 117-132.

Cattivelli L, Rizza F, Badeck F W, et al., 2008. Drought tolerance improvement in crop plants: An integrated view from breeding to genomics[J]. Field Crops Research, 105(1/2): 1-14.

Colmer T D, Winkel A, Pedersen O,2011. A perspective on underwater photosynthesis in submerged terrestrial wetland plants[J]. Aob Plants.

Cowan I R, Farquhar G D, 1977. Stomatal function in relation to leaf metabolism and environment[J]. Symposia of the Society for Experimental Biology, 31: 471-505.

Cowan I R, Troughton J H, 1971. Relative role of stomata in transpiration and assimilation [J]. Planta, 97(4): 325.

Dam J C V, Huygen J, Wesseling J G, et al.,1997. Theory of SWAP version 2. 0: simulation of water flow, solute transport and plant growth in the soil-water-atmosphere-plant environment[J]. Department Water Resources, Wageningen Agricultural University, Technical Document 45, Alterra, Wageningen, the Netherlands.

Damesin C, 2003. Respiration and photosynthesis characteristics of current 2 year stem of fagus sylvatica: from the seasonal pattern to an annual balance[J]. New Phytologist, 158: 465-475.

Dar N H, Janvry A D, Emerick K, et al., 2013. Flood-tolerant rice reduces yield variability and raises expected yield, differentially benefitting socially disadvantaged groups[J]. Scientific Reports, 3: 3315.

Darzi N A, Ritzema H, Karandish F, et al.,2017. Alternate wetting and drying for different subsurface drainage systems to improve paddy yield and water productivity in Iran[J]. Agricultural Water Management, 193: 221-231.

Das K K, Sarkar R K, Ismail A M, 2005. Elongation ability and non-structural carbohydrate levels in relation to submergence tolerance in rice[J]. Plant Science, 168(1): 131-136.

Davies W J, Zhang J H, 1991. Root signals and the relation of growth and development of plants in drying soil[J]. Annual Review of Plant Biology, 42(1): 55-76.

DeKauwe M G, Kala J, Lin Y S, et al., 2015. A test of an optimal stomatal conductance scheme within the CABLE land surface model[J]. Geoscientific Model Development, 8(2): 431-452.

DeStorme N, Geelen D, 2014. The impact of environmental stress on male reproductive development in plants: biological processes and molecular mechanisms[J]. Plant Cell and Environment, 37(1): 1-18.

Dettori M, Cesaraccio C, Motroni A, et al., 2011. Using CERES-Wheat to simulate durum wheat production and phenology in Southern Sardinia, Italy[J]. Field Crops Research, 120(1): 179-188.

Dickin E, Wright D,2008. The effects of winter waterlogging and summer drought on the growth and yield of winter wheat (Triticum aestivum L.)[J]. European Journal of Agronomy, 28: 234-244.

Do P T, Degenkolbe T, Erban A, et al., 2013. Dissecting rice polyamine metabolism under controlled long-term drought stress[J]. Plos One, 8(4).

Elcan J M, Pezeshki S R, 2002. Effects of flooding on susceptibility of Taxodium distichum L. seedlings to drought[J]. Photosynthetica, 40(2): 177-182.

Engelaar W M H G, Matsumaru T, Yoneyama T, 2000. Combined effects of soil waterlogging and compaction on rice(Oryza sativa L.) growth, soil aeration, soil N transformations and 15N discrimination[J]. Biology & Fertility of Soil, 32(6): 484-493.

Ethier G J, Livingston N J, 2004. On the need to incorporate sensitivity to CO_2 transfer conductance into the Farquhar-von Caemmerer-Berry leaf photosynthesis model[J]. Plant, Cell & Environment, 27:137-153.

Farooq M, Wahid A, Lee D J, et al., 2009. Advances in drought resistance of rice[J]. Critical Reviews in Plant Sciences, 28(4): 199-217.

Farquhar G D, Caemmerers S, Berry J A, 1980. A biochemical model of photosynthetic CO_2 assimilation in leaves of C_3 species[J]. Planta, 149: 78-90.

Feddes R A, Kowalik P J, Zaradny H,1978. Simulation of field water use and crop yield [J]. Centre for Agricultural Publishing and Documentation: Wageningen, The Netherlands.

Frank B, Pertti H, 1993. Optimal regulation of gas exchange: Evidence from field data [J]. Annals of Botany,71: 135-140.

Gao Y, Hu T S, Wang Q, et al., 2019. Effect of drought-flood abrupt alternation on rice yield and yield components [J]. Crop Science, 58:1-13.

Gilbert M E, Zwieniecki M A, Holbrook N M, 2011. Independent variation in photosynthetic capacity and stomatal conductance leads to differences in intrinsic water use efficiency in 11 soybean genotypes before and during mild drought[J]. Journal of Experimental Botany, 62 (8): 2875-2887.

Gravois K A, Helms R S, 1992. Path analysis of rice yield and yield components as mected by seeding rate[J]. Agronomy Journal, 84: 1-4.

Gravois K A, McNew R W, 1993. Genetic relationships among and selection for rice yield and yield components[J]. Crop Science, 33(2): 249-252.

Harley P C, Sharkey T D, 1991. An improved model of C_3 photosynthesis at high CO_2: reversed O_2 sensitivity explained by lack of glycerate reentry into the chloroplast[J]. Photosynthesis Research, 27: 169-178.

Harley P C, Thomas R B, Reynolds J F, et al., 1992. Modelling photosynthesis of cotton grown in elevated CO_2[J]. Plant, Cell & Environment, 15:271-282.

Harrison W G ,Platt T,1986. Photosyhthesis-irradiance rdationship in polar and tewperate phytoplankton populations[J]. Polar Biology,5:153-164.

Hattori Y, Nagai K, Ashikari M, 2011. Rice growth adapting to deepwater[J]. Current Opinion in Plant Biology, 14(1): 100-105.

Heroult A, Lin Y S, Bourne A, et al., 2013. Optimal stomatal conductance in relation to photosynthesis in climatically contrasting eucalyptus species under drought[J]. Plant, Cell &

Environment, 36: 262-274.

Hiler E A, 1969. Quantitative evaluation of crop-drainage requirements[J]. Transactions of the ASAE, 12(4): 499-505.

Holzkämper A, Calanca P, Honti M, et al., 2015. Projecting climate change impacts on grain maize based on three different crop model approaches[J]. Agricultural and Forest Meteorology: 219-230.

Igbadun H E, Tarimo A K P R, Salim B A, et al., 2007. Evaluation of selected crop water production functions for an irrigated maize crop[J]. Agricultural Water Management, 94(1/2/3): 1-10.

Ismail M R, Davies W J, Awad M H, 2002. Leaf growth and stomatal sensitivity to ABA in droughted pepper plants[J]. Scientia Horticulturae, 96: 313-327.

Jackson M B, Ram P C, 2003. Physiological and molecular basis of susceptibility and tolerance of rice plants to complete submergence[J]. Annals of Botany, 91(2): 227-241.

Ji S, Tong L, Kang S, et al., 2017. A modified optimal stomatal conductance model under water-stressed condition[J]. International Journal of Plant Production, 11(2): 295-314.

Jones H G, 1976. Crop characteristics and the ratio between assimilation and transpiration [J]. Journal of Applied Ecology, 13(2): 605-622.

Kala J, DeKauwe M G, Pitman A J, et al., 2015. Implementation of an optimal stomatal conductance scheme in the Australian Community Climate Earth Systems Simulator (ACCESS1.3b)[J]. Geoscientific Model Development, 8(12): 3877-3889.

Kang S Z, Liang Z S, Hu W, et al., 1998. Water use efficiency of controlled alternate irrigation on root-divided maize plants[J]. Agricultural Water Management, 38(1): 69-76.

Kang S Z, Shi W J, Zhang J H, 2000. An improved water-use efficiency for maize grown under regulated deficit irrigation[J]. Field Crops Research, 67(3): 207-214.

Kang S Z, Zhang L, Liang Y L, et al., 2002. Effects of limited irrigation on yield and water use efficiency of winter wheat in the Loess Plateau of China[J]. Agricultural Water Management, 55(3): 203-216.

Kato Y, Kamoshita A, Yamagishi J, 2008. Preflowering abortion reduces spikelet number in upland rice(L.) under water stress[J]. Crop Science, 48(6): 2389-2395.

Katul Gabriel G, Oren Ram, Manzoni Stefano, et al., 2012. Evapotranspiration: A process driving mass transport and energy exchange in the soil-plant-atmosphere-climate system[J]. Reviews of Geophysics, 50(3): RG3002.

Kawano N, Ito O, Sakagami J I, 2008. Morphological and physiological responses of rice seedlings to complete submergence (flash flooding)[J]. Annals of Botany, 103(2): 161-169.

Keating B A, Carberry P S, Hammer G L, et al., 2003. An overview of APSIM, a model designed for farming systems simulation[J]. European Journal of Agronomy, 18: 267-288.

Keulen H V, Wolf J, 1986. Modelling of agricultural production weather soils and crops

[J]. Simulation Monographs, Pudoc, Wageningen.

Lanceras J C, Pantuwan G, Jongdee B, et al., 2004. Quantitative trait loci associated with drought tolerance at reproductive stage in rice[J]. Plant Physiology, 135: 384-399.

Larcher W, 2003. Physiological plant ecology[M]. Springer, Berlin.

Lemoine R, LaCamera S, Atanassova R, et al., 2013. Source-to-sink transport of sugar and regulation by environmental factors[J]. Frontiers In Plant Science, 4.

Li X H, Ye X C, 2015. Spatiotemporal characteristics of dry-wet abrupt transition based on precipitation in Poyang Lake Basin, China[J]. Water, 7(5):1943-1958.

Lin Y S, Medlyn B E, Duursma R A, et al., 2015. Optimal stomatal behaviour around the world[J]. Nature Climate Change, 5(5): 459-464.

Liu F, Jensen C R, Shahanzari A, et al., 2005. ABA regulated stomatal control and photosynthetic water use efficiency of potato (Solanum tuberosum L.) during progressive soil drying [J]. Plant Science, 168(3): 831-836.

Long S P, Bernacchi C J, 2003. Gas exchange measurements, what can they tell us about the underlying limitations to photosynthesis? Procedures and sources of error[J]. Journal of Experimental Botany, 54: 2393-2401.

Macfarlane C, White D A, Adams M A, 2004. The apparent feed-forward response to vapour pressure deficit of stomata in droughted, field-grown Eucalyptus globulus Labill[J]. Plant Cell and Environment, 27(10): 1268-1280.

Mackill D J, Ismail A M, Singh U S, et al., 2012. Development and rapid adoption of submergence-tolerant (sub1) rice varieties[J]. Advances in Agronomy, 115: 299-352.

Manzoni S, Vico G, Katul G, et al.,2011. Optimizing stomatal conductance for maximum carbon gain under water stress: a meta-analysis across plant functional types and climates[J]. Functional Ecology, 25(3): 456-467.

Medlyn B E, Dreyer E, Ellsworth D, et al., 2002. Temperature response of parameters of a biochemically based model of photosynthesis. II. a review of experimental data[J]. Plant, Cell & Environment, 25: 1167-1179.

Medlyn B E, Duursma R A, Eamus D, et al., 2011. Reconciling the optimal and empirical approaches to modelling stomatal conductance[J]. Global Change Biology, 17: 2134-2144.

Misson L, Panek J A, Goldstein A H,2004. A comparison of three approaches to modeling leaf gas exchange in annually drought-stressed ponderosa pine forests[J]. Tree Physiology,24 (5): 529-541.

Moreno-Sotomayor A, Weiss A, Paparozzi E T, et al., 2002. Stability of leaf anatomy and light response curves of field grown maize as a function of age and nitrogen status[J]. Journal of Plant Physiology, 159: 819-826.

Mussell H, Staples R C, 1985. 作物抗性生理学[M]. 张永平, 译. 北京: 科学出版社: 208-226.

Nagata K, Yoshinaga S, Takanashi J, et al., 2001. Effects of dry matter production, translocation of nonstructural carbohydrates and nitrogen application on grain filling in rice cultivar Takanari, a cultivar bearing a large number of spikelets[J]. Plant Production Science, 4(3): 173-183.

Parry M A J, Androloje P J, Khan S, et al., 2002. Rubisco activity effects of drought stress[J]. Annals of Botany, 89: 833-839.

Pedersen O, Colmer T D, Sand-Jensen K, 2013. Underwater photosynthesis of submerged plants-recent advances and methods[J]. Frontiers in Plant Science,4.

Pedersen O, Malik A I, Colmer T D, 2010. Submergence tolerance in Hordeum marinum: dissolved CO_2 determines underwater photosynthesis and growth[J]. Functional Plant Biology, 37(6): 524-531.

Platt T, Gallegos C L, Harrison W G, 1980. Photoinhibition of photosynthesis in natural assemblages of marine phytoplankton Journal of marine Research, 38:687-701.

Plaut Z, Edelstein M, Ben-Hur M, 2013. Overcoming salinity barriers to crop production using traditional methods[J]. Critical Reviews in Plant Sciences, 32(4): 250-291.

Prado C H B A, Moraes J A P V, 1997. Photosynthetic capacity and specific leaf mass in twenty woody species of cerrado vegetation under field condition[J]. Photosynthetica, 33: 103-112.

Qian L, Wang X G, Luo W B, et al., 2017. An improved CROPR model for estimating cotton yield under soil aeration stress[J]. Crop & Pasture Science, 68(4): 366-377.

Raes D, Steduto P, Hsiao T C, et al., 2009. AquaCropThe FAO Crop Model to Simulate Yield Response to Water: II. Main Algorithms and Software Description[J]. Agronomy Journal, 101(3): 438.

Robert E S, Mark A, John S B, 1984. Kok effect and the quantum yield of photosynthesis [J]. Plant Physiology, 75: 95-101.

Shang S H, 2013. Downscaling crop water sensitivity index using monotone piecewise cubic interpolation[J]. Pedosphere, 23(5): 662-667.

Shao G C, Cheng X, Liu N, et al., 2016. Effect of drought pretreatment before anthesis and post-anthesis waterlogging on water relation, photosynthesis, and growth of tomatoes[J]. Archives of Agronomy and Soil Science, 62(7): 935-946.

Shao G C, Deng S, Liu N, et al., 2014. Effects of controlled irrigation and drainage on growth, grain yield and water use in paddy rice[J]. European Journal of Agronomy. 53: 1-9.

Singh S, Mackill D J, Ismail A M, 2009. Responses of SUB1 rice introgression lines to submergence in the field: yield and grain quality[J]. Field Crops Research, 113(1): 12-23.

Smith D L, Hamel C, 2001. 作物产量—生理学及形成过程[M]. 王璞等, 译. 北京: 中国农业大学出版社.

Steduto P, Hsiao T C, Raes D, et al., 2009. AquaCrop-The FAO Crop Model to Simulate

Yield Response to Water: I. Concepts and Underlying Principles[J]. Agronomy Journal, 101 (3): 426-437.

Stewart J B, 1988. Modelling surface conductance of pine forest[J]. Agricultural and Forest Meteorology, 43: 19-35.

Stöckle C O, Donatelli M, Nelson R, 2003. CropSyst, a cropping systems simulation model [J]. Europ. J. Agronomy, 18: 289-307.

Stricevic R, Cosic M, Djurovic N, et al., 2011. Assessment of the FAO AquaCrop model in the simulation of rainfed and supplementally irrigated maize, sugar beet and sunflower[J]. Agricultural Water Management, 98(10): 1615-1621.

Subere J O Q, Bolatete D, Bergantin R, et al., 2009. Genotypic variation in responses of cassava (Manihot esculenta Crantz) to drought and rewatering: root system development[J]. Plant Production Science, 12(4): 462-474.

Suralta R R, Yamauchi A, 2008. Root growth, aerenchyma development, and oxygen transport in rice genotypes subjected to drought and waterlogging[J]. Environmental and Experimental Botany, 64(1): 75-82.

Thomas D S, Eamus D, Bell D, 1999. Optimization theory of stomatal behavious-II. Stomatal responses of several tree species of north Australia to changes in light, soil and atmospheric water content and temperature[J]. Journal of Experimental Botany, 50(332): 393-400.

Thornley J H M, 1976. Mathematical models in plant physiology[M]. Academic Press, London: 86-110.

Voesenek L, Colmer T D, Pierik R, et al., 2006. How plants cope with complete submergence[J]. New phytologist, 170(2): 213-226.

Von Caemmerer S, Farquhar G D, 1981. Some relationships between the biochemistry of photosynthesis and the gas exchange of leaves[J]. Planta, 153: 376-387.

Von Caemmerer S, 2000. Biochemical models of leaf photosynthesis, techniques in plant science no. 2[M]. CSIRO Publishing, Collingwood, Victoria, Australia: 1-165.

Waisurasingha C, Aniya M, Hirano A, et al., 2008. Application of remote sensing and gis for improving rice production in flood-prone areas: A case study in lower chi-river basin, thailand[J]. Jarq-Japan Agricultural Research Quarterly, 42(3): 193-201.

Wang C, Yang A, Yin H, et al., 2008. Influence of water stress on endogenous hormone contents and cell damage of maize seedlings[J]. Journal of Integrative Plant Biology, 50(4): 427-434.

Williams J R, Jones C A, Kiniry J R, et al., 1989. The epic crop growth-model[J]. Transactions of the Asae, 32(2): 497-511.

Yan D H, Wu D, Huang R, et al., 2013. Drought evolution characteristics and precipitation intensity changes during alternating dry-wet changes in the Huang-Huai-Hai River basin[J]. Hydrology and Earth System Sciences, 17: 2859-2871.

Yang J C, Zhang J H, Huang Z L, et al., 2000. Remobilization of carbon reserves is improved by controlled soil-drying during grain filling of wheat[J]. Crop Science, 40(6): 1645-1655.

Yang J C, Zhang J H, Wang Z Q, et al., 2002. Abscisic acid and cytokinins in the root exudates and leaves and their relationship to senescence and remobilization of carbon reserves in rice subjected to water stress during grain filling[J]. Planta, 215(4): 645-652.

Yang J C, Zhang J H, Wang Z Q, et al., 2001. Activities of starch hydrolytic enzymes and sucrose-phate sythase in the stems of rice subjected to water stress during grain filling[J]. Journal of Experimental Botany, 52: 2169-2179.

Yang J C, Zhang J H, Wang Z Q, et al., 2001. Hormonal changes in the grains of rice subjected to water stress during grain filling[J]. Plant Physiology, 127(1): 315-323.

Yang J, Zhang J, 2006. Grain filling of cereals under soil drying[J]. New Phytologist, 169(2): 223-236.

Yao F X, Huang J L, Cui K H, et al., 2012. Agronomic performance of high-yielding rice variety grown under alternate wetting and drying irrigation[J]. Field crop Research, 126: 16-22.

Ye Z P, Yu Q, 2008. A coupled model of stomatal conductance and photosynthesis for winter wheat[J]. Photosynthetica, 46: 637-640.

Ye Z P, 2007. A new model for relationship between light intensity and the rate of photosynthesis in oryza sativa[J]. Photosynthetica, 45: 637-640.

Zhang H, Tan Gll, Yang Lnn, et al., 2009. Hormones in the grains and roots in relation to post-anthesis development of inferior and superior spikelets in japonica/indica hybrid rice[J]. Plant Physiology & Biochemistry, 47(3): 195-204.

Zhang H, Xue Y G, Wang Z Q, et al., 2009. An alternate wetting and moderate soil drying regime improves root and shoot growth in rice[J]. Crop Science, 49(6): 2246-2260.

Zhang Q, 2007. Strategies for developing green super rice[J]. Proceedings of the National Academy of Sciences, USA, 104: 16404-16409.